嵌入式芯片
从基础到实例

刘尘尘　褚晓锐　著

中国水利水电出版社
www.waterpub.com.cn
·北京·

内 容 提 要

本书首先介绍嵌入式系统基本概念及开发设计方法，再以8位微控制器为基础，介绍芯片的内部组成、结构、资源等嵌入式系统硬件基本知识，并详细介绍嵌入式程序设计基础及编码规范，最后介绍32位ARM嵌入式系统的开发方法。全书共分9章，配有大量案例代码，便于读者学习嵌入式系统知识，掌握嵌入式系统应用开发基本技术。

本书适用于电子、通信、电气、测控、计算机、物联网等专业的在校生和嵌入式系统设计的爱好者。

图书在版编目（CIP）数据

嵌入式芯片从基础到实例 / 刘尘尘，褚晓锐著. -- 北京 ：中国水利水电出版社，2023.7
ISBN 978-7-5226-0685-9

Ⅰ. ①嵌… Ⅱ. ①刘… ②褚… Ⅲ. ①集成芯片 Ⅳ. ①TN43

中国版本图书馆CIP数据核字(2022)第077125号

书　　名	**嵌入式芯片从基础到实例** QIANRUSHI XINPIAN CONG JICHU DAO SHILI
作　　者	刘尘尘　褚晓锐　著
出版发行	中国水利水电出版社 （北京市海淀区玉渊潭南路1号D座　100038） 网址：www.waterpub.com.cn E-mail：sales@mwr.gov.cn 电话：（010）68545888（营销中心）
经　　售	北京科水图书销售有限公司 电话：（010）68545874、63202643 全国各地新华书店和相关出版物销售网点
排　　版	中国水利水电出版社微机排版中心
印　　刷	清淞永业（天津）印刷有限公司
规　　格	184mm×260mm　16开本　8印张　201千字
版　　次	2023年7月第1版　2023年7月第1次印刷
印　　数	0001—1000册
定　　价	**68.00**元

凡购买我社图书，如有缺页、倒页、脱页的，本社营销中心负责调换

前言

作为独立进行运作的器件，嵌入式系统由硬件和软件组成。其软件内容包括软件运行环境和操作系统。硬件包括信号处理器、存储器、通信模块等在内的多方面的内容。相比于一般的计算机处理系统而言，嵌入式系统存在较大的差异性，学习难度较高。因此，本书作者从基础的嵌入式芯片——MCS-51单片机的软硬件设计内容开展论述，再经过32位处理器——STM32和ARM的介绍，最终结合自身的科研项目经验，从嵌入式设计入门者的角度对该系统的软硬件设计进行了阐述。

本书采用“基础理论—实践方法—应用实施”的框架编撰而成，第1～3章主要阐述51单片机（处理器）的基础知识和应用实例，第4～6章阐述32位单片机STM32（处理器）的芯片概述和应用实例，第7～9章阐述ARM单片机（处理器）的应用实例和发展趋势。

本书由西昌学院刘尘尘副教授和褚晓锐教授合著完成，其中刘尘尘著撰第3～9章，褚晓锐著撰第1～2章。本书涉及的研究工作得到了西昌学院的大力支持，特此向支持和关心作者的所有单位和个人表示衷心感谢，感谢中国水利水电出版社同仁为出版本书付出的辛勤劳动。书中有部分内容参考了有关单位或个人的研究成果，均已在参考文献中列出，在此一并致谢。

作者水平有限，虽几经改稿，书中错误和缺点在所难免，欢迎广大读者不吝赐教。

作者

2023年7月

目录

第1章　绪论

1.1　什么是单片机

1.1.1　单片机的概念

单片机是一种集成电路芯片（也称为微控制器、嵌入式控制器），是采用超大规模集成电路技术把具有数据处理能力的中央处理器CPU、随机存储器RAM、只读存储器ROM、多种I/O端口和中断系统、定时器/计数器等功能（可能还包括显示驱动电路、脉宽调制电路、模拟多路转换器、A/D转换器等电路）集成到一块硅片上构成的一个微小而完善的微型计算机系统，在工业控制领域应用广泛。与通用的计算机不同，单片机的指令功能是按照工业控制的要求设计的，因此它又被称为微控制器（micro controller unit）。随着集成电路技术的发展，单片机片内集成的功能越来越强大，并朝着片上系统（system on a chip，SOC）方向发展。

近年来单片机以其体积微小、价格低廉、可靠性高等优点，广泛应用于工业控制系统、数据采集系统、智能化仪器仪表、通信设备及日常消费类产品等。单片机技术开发和应用水平已成为衡量一个国家工业化发展水平的标志之一。

1.1.2　单片机的特点

单片机作为微型计算机的一个分支，与一般的微型计算机没有本质上的区别，同样具有快速、精确、记忆功能和逻辑判断能力等特点。但单片机又是集成在一块芯片上的微型计算机，它与一般的微型计算机相比，在硬件结构和指令设置上均有独到之处，主要特点有：

（1）体积小，重量轻；价格低，功能强；电源单一，功耗低；可靠性高，抗干扰能力强。这是单片机得到迅速普及和发展的主要原因。同时由于它的功耗低，使后期投入成本也大大降低。

（2）使用方便灵活、通用性强。由于单片机本身就构成一个最小系统，只要根据不同的控制对象做相应的改变即可，因而它具有很强的通用性。

(3) 目前大多数单片机采用哈佛（Harvard）结构体系。单片机的数据存储器空间和程序存储器空间相互独立。单片机主要面向测控对象，通常有大量的控制程序和较少的随机数据，将程序和数据分开，使用较大容量的程序存储器来固化程序代码，使用少量的数据存储器来存取随机数据。程序在只读存储器 ROM 中运行，不易受外界侵害，可靠性高。

(4) 突出控制功能的指令系统。单片机的指令系统中有大量的单字节指令，以提高指令运行速度和操作效率；有丰富的位操作指令，满足了对开关量控制的要求；有丰富的转移指令，包括有条件转移指令和无条件转移指令。

(5) 较低的处理速度和较小的存储容量。因为单片机是一种小而全的微型机系统，它牺牲了运算速度和存储容量来换取其体积小、功耗低等特色。

1.1.3　单片机的应用

单片机计算机技术的快速发展是基于集成电路技术发展而来的，价格也越来越得到广大用户接受，因此在工业生产等领域中得到了广泛应用。其系列在逐渐发展变化，功能也越来越强大。单片机目前被视为嵌入式微控制器，它最明显的优势就是可以嵌入到各种仪器、设备中，这一点是巨型机不可能做到的。

由于单片机所具有的显著优点，它已成为科技领域的有力工具、人类生活的得力助手。单片机的应用遍及各个领域，主要表现在以下几个方面。

1.1.3.1　单片机在智能仪表中的应用

单片机作为微处理器在智能仪器仪表中的应用，就是将一些部件的功能集中整合在一块芯片中，使得计算机系统看起来不是很复杂，形成了完整的单片计算机的应用系统。由于其体积小等特点，使仪器仪表的测量功能大为扩展，方便了维护工作，自检与测量互不干扰。例如：数字滤波是通过数字设备的算法来处理信号，将某个频段的信号经过筛选滤除出去，得到新的信号，通过对单片机的有效控制，提高了可利用信号的使用价值，以平滑加工的形式对信号进行采样，消除噪声等各种干扰因素，使系统运行更加可靠。

1.1.3.2　单片机在机电一体化产品中的应用

基于单片机技术发展的机电一体化技术，自动化水平明显提高，机电一体化的水平更趋于稳定和彻底，更具智能化特征。例如，微机控制的机床、机器人等。单片机在机电一体化产品中的应用，极大地提高了设备的智能化，提高了处理能力和处理效率，而且无需占用很大的空间和复杂的设备。

1.1.3.3　单片机在实时控制中的应用

单片机具有较强的实时数据处理能力和控制功能，可满足大多数实时控制系统保持在最佳工作状态，可提高系统的工作效率和产品质量；同时，它的快速响应性和可靠性使得单片机广泛地用于各种实时控制系统中。例如，在工业测控、航空航天、尖端武器、机器人等各种实时控制系统中，都可以用单片机作为控制器。

1.1.3.4　单片机在分布式系统中的应用

由于单片机具有通信距离远、实时性强、抗干扰能力强、通信接口简单、成本低等优点，所以在比较复杂的分布式控制系统中常以单片机为核心，单片机在这种系统中往往作

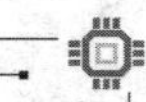

为一个下位机，安装在系统的节点上，对现场信息进行实时的测量和控制。例如各部件独立控制的机器人，常常采用 RS-232C 转 RS-485，实现一对多控制。

1.1.3.5 单片机在日常生活中的应用

随着单片机集成度的提高、价格的降低，其已经渗透我们日常生活的方方面面。例如，手机、洗衣机、电冰箱、电子玩具、收录机等家用电器配上单片机后，提高了智能化程度，丰富了功能，备受人们喜爱。单片机使人类生活更加方便、舒适、丰富多彩。

综上所述，单片机已成为计算机发展和应用的一个重要方面。单片机的知识可以在很多场合得以应用，学好单片机可以更好地融入现代化生活。

1.1.4 单片机的发展

1.1.4.1 单片机的发展阶段

单片机作为微型计算机的一个重要分支，应用广，发展快。如果将 8 位单片机的推出作为起点，那么单片机的发展历史大致可分为以下几个阶段：

孕育阶段（1971—1976 年）：1971 年 Intel 公司研制出世界上第一个 4 位的微处理器。Intel 公司的霍夫研制成功世界上第一块 4 位微处理器芯片 Intel 4004，标志着第一代微处理器问世，微处理器和微机时代从此开始。因发明了微处理器，霍夫被英国《经济学家》杂志列为“二战以来最有影响力的 7 位科学家”之一。

第一阶段（1976—1978 年）：单片机的初级阶段。以 Intel 公司的 MCS-48 为代表。MCS-48 的推出是在工控领域的探索，参与这一探索的公司还有 Motorola、Zilog 等，都取得了满意的效果。这是单片微型计算机（Single-chip icrocomputer，SCM）的诞生年代，“单片机”一词即由此而来。这个系列的单片机内集成有 8 位 CPU、I/O 端口、8 位定时器/计数器，寻址范围不大于 4K 字节，简单的中断功能，无串行接口。

第二阶段（1978—1982 年）：单片机的完善阶段。Intel 公司在 MCS-48 基础上推出了完善的、典型的单片机系列 MCS-51。它在以下几个方面奠定了典型的通用总线型单片机体系结构：完善的外部总线，MCS-51 设置了经典的 8 位单片机的总线结构，包括 8 位数据总线、16 位地址总线、控制总线及具有多机通信功能的串行通信接口；CPU 外围功能单元的集中管理模式；体现工控特性的位地址空间及位操作方式；指令系统趋于完善，并且增加了许多突出控制功能的指令。

第三阶段（1982—1992 年）：8 位单片机的巩固发展及 16 位单片机的推出阶段，也是单片机向微控制器发展的阶段。Intel 公司推出的 MCS-96 系列单片机，将一些用于测控系统的模数转换器、程序运行监视器、脉宽调制器等纳入片中，体现了单片机的微控制器特征。随着 MCS-51 系列的广泛应用，许多厂商竞相使用 8051 为内核，将许多测控系统中使用的电路、接口、多通道 AD 转换部件、可靠性技术等应用到单片机中，增强了外围电路的功能，强化了智能控制的特征。

第四阶段（1993 年至今）：微控制器的全面发展阶段。随着单片机在各个领域全面深入的发展和应用，出现了高速、大寻址范围、强运算能力的 8 位/16 位/32 位通用型单片机，以及小型廉价的专用型单片机。

1.1.4.2 单片机的发展方向

单片机发展趋势将是进一步向着CMOS（互补金属氧化物半导体工艺）化、低功耗、小体积、大容量、高性能、低价格和外围电路内装化等方面发展。

（1）低功耗CMOS化。CMOS电路具有许多优点，如极宽的工作电压范围，极佳的低功耗及功耗管理特性等，MCS-51系列的8031推出时的功耗达630mW，而现在的单片机普遍都在100mW左右，现在的各个单片机制造商基本都采用了CMOS。80C51就采用了HMOS（即高密度金属氧化物半导体工艺）和CHMOS（互补高密度金属氧化物半导体工艺）。

CMOS虽然功耗较低，但由于其物理特征决定了其工作速度不够高，而CHMOS则具备了高速和低功耗的特点，这些特征更适合于在要求低功耗电池供电的应用场合。所以这种工艺将是今后一段时期单片机发展的主要途径。

（2）多功能集成化和微型化。现在单片机开始将中央处理器（CPU）、随机存取数据存储（RAM）、只读程序存储器（ROM）、并行和串行通信接口，中断系统、定时电路、时钟电路、A/D转换器、PMW（脉宽调制电路）、WDT（看门狗）、有些单片机将LCD（液晶）驱动电路都集成在单一的芯片上，这样单片机包含的单元电路就越多，功能就越强大。甚至单片机厂商还可以根据用户的要求量身定做，制造出具有自己特色的集成型单片机芯片。此外，现在的产品普遍要求体积小、重量轻，这就要求单片机除了功能强和功耗低外，还要求其体积要小。现在的许多单片机都具有多种封装形式，其中SMD（表面封装）越来越受欢迎，使得由单片机构成的系统正朝微型化方向发展。

（3）片内存储器的改进与发展。目前新型的单片机一般在片内集成两种类型的存储器：一种是随机读写存储器（常用的为SRAM，static random access memory，静态RAM），作为临时数据存储器存放工作数据用；另一种是只读存储器ROM（read only memory），作为程序存储器存放系统控制程序和固定不变的数据。片内存储器的改进与发展的方向是扩大容量、数据的易写和保密等。

（4）以串行总线方式为主的外围扩展。在很长一段时间里，通用型单片机通过三总线结构扩展外围器件成为单片机应用的主流结构。随着低价位OTP（one time programable）及各种特殊类型片内程序存储器的发展，加之外围接口不断进入片内，推动了单片机“单片”应用结构的发展。特别是IIC、SPI等串行总线的引入，可以使单片机的引脚设计得更少，单片机系统结构更加简化及规范化。

（5）单片机向片上系统SOC的发展。SOC是一种高度集成化、固件化的芯片级集成技术，其核心思想是把除了无法集成的某些外部电路和机械部分之外的所有电子系统电路全部集成在一片芯片中。现在一些新型的单片机已经是SOC的雏形，在一片芯片中集成了各种类型和更大容量的存储器，更多性能完善和强大的功能电路接口，这使得原来需要几片甚至十几片芯片组成的系统，现在只用一片就可以实现。其优点是不仅减小了系统的体积和成本，而且大大提高了系统硬件的可靠性和稳定性。

1.2 如何学习单片机

学习单片机需要有足够的信心、恒心和耐心，只要认真踏实坚持学下去，肯定能学好

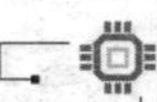

这门技术。

另外，单片机的学习需要一些相关基础知识的储备，如电路、模拟电路和数字电路基础等。

1.2.1 单片机相关基础知识

1.2.1.1 数制及其转换

1. 二进制数的运算

电子计算机一般采用二进制数。二进制数只有 0 和 1 两个基本数字，容易通过开关两个状态实现。

二进制数的运算公式如下。

0+0=0	0×0=0	0+1=1	0×1=0
1+0=1	1×0=0	1+1=10	1×1=1

2. 十进制和二进制间的转换

（1）十进制数转换成二进制。将十进制整数转换成二进制整数时，只要将它一次一次地被 2 除，得到的余数（从最后一个余数读起）就是二进制表示的数。

例：将十进制 18 转换成二进制数

```
            余数
2 | 1 8    ( 0
  2 | 9    ( 1
   2 | 4   ( 0
    2 | 2  ( 0
     2 | 1 ( 0
         0
```

得到 $(18)_{10}=(10010)$

（2）二进制数转换成十进制数。将一个二进制数的整数转换成十进制数，只要将它的从右往左第一位乘以 2^{n-1}，从右往左第二位乘以 2^{n-2}……以此类推（n 为二进制位数），然后将各项相加就得到用十进制表示的数。

例： $(101011)_2=1\times2^5+0\times2^4+1\times2^3+0\times2^2+1\times2^1+1\times2^0=(44)_{10}$

如果将一个带有小数的二进制数，转换成十进制数，小数点后的第一位乘以 2^{-1}，第二位乘以 2^{-2}，以此类推，小数点前的转换方法与整数转换方法相同，然后将各项相加就得到用十进制表示的数。

例：$(100001.101)_2=1\times2^5+0\times2^4+0\times2^3+0\times2^2+0\times2^1+1\times2^0+1\times2^{-1}+0\times2^{-2}+1\times2^{-3}=(33.625)_{10}$

（3）不同进制数的转换。

1）二进制数和八进制数互换。

二进制数转换成八进制数时，只要从小数点位置开始，向左或向右每三位二进制划分为一组（不足三位时可补 0），然后写出每一组二进制数所对应的八进制数码即可。

例：将二进制数（10110001.111）$_2$ 转换成八进制数：

二进制数（10110001.111）$_2$ 转换成八进制数是（261.7）$_8$。反过来，将每位八进制数分别用三位二进制数表示，就可完成八进制数和二进制数的转换。

2）二进制数和十六进制数互换。

二进制数转换成十六进制数时，只要从小数点位置开始，向左或向右每四位二进制划分为一组（不足四位时可补0），然后写出每一组二进制数所对应的十六进制数码即可。

例：将二进制数（11011100110.1101）$_2$ 转换成十六进制数：

二进制数（11011100110.1101）$_2$ 转换成十六进制数是（6E6.D）$_{16}$（从10开始时从A记）。反过来，将每位十六进制数分别用三位二进制数表示，就可完成十六进制数和二进制数的转换。

3）八进制数、十六进制数和十进制数的转换。

这三者转换时，可把二进制数作为媒介，先把代转换的数转换成二进制数，然后将二进制数转换成要求转换的数制形式。

1.2.1.2　BCD码和ASCII码

1. BCD码（binary coded decimal）

BCD码就是“二一十”进制，即用二进制代码表示的十进制数。顾名思义，它既是逢十进一，又是一组二进制代码。用4位二进制代码表示十进制的一位数，一个字节可以表示两个十进制数，称为压缩的BCD码，如10000111表示87；也可以用一个字节表示一位十进制的数，这种BCD称为非压缩的BCD码，如00000111表示十进制的7。多进制与BCD码的对应关系见表1.1。

采用BCD码对于输出数据非常方便，在计算机运算中广泛使用，以至于MCS-51系列单片机有一条指令DA就是用来调整十进制加法运算的。

表1.1　多进制与BCD码对应关系

十进制数	八进制数	十六进制数	二进制数	4位自然二进制码	BCD码	4位典型格雷码	十进制余三格雷码
0	0	0	0000	0000	0000	0000	0010
1	1	1	0001	0001	0001	0001	0110
2	2	2	0010	0010	0010	0011	0111
3	3	3	0011	0011	0011	0010	0101
4	4	4	0100	0100	0100	0110	0100
5	5	5	0101	0101	0101	0111	1100
6	6	6	0110	0110	0110	0101	1101
7	7	7	0111	0111	0111	0100	1111
8	10	8	1000	1000	1000	1100	1110

续表

十进制数	八进制数	十六进制数	二进制数	4 位自然二进制码	BCD 码	4 位典型格雷码	十进制余三格雷码
9	11	9	1001	1001	1001	1101	1010
10	12	A	1010	1010	—	1111	—
11	13	B	1011	1011	—	1110	—
12	14	C	1100	1100	—	1010	—
13	15	D	1101	1101	—	1011	—
14	16	E	1110	1110	—	1001	—
15	17	F	1111	1111	—	1000	—

2. ASCII 码（american standard code for information interchange）

ASCII 码采用 7 位二进制编码表示 128 个字符，其中包括数码 0～9 以及英文字母等可打印的字符，见表 1.2。可见，在计算机中一个字节可以表示一个英文字母。由于单个的汉字太多，所以要用两个字节才能表示一个汉字，目前也有国标的汉字计算机编码表——汉码表。

从表中可以查到“6”的 ASCII 码为“36H”，“R”的 ASCII 码为“52H”。

表 1.2　　　　ASCII　码　表

L \ H	0000	0001	0010	0011	0100	0101	0110	0111
0000	NUL	DLE	SP	0	@	P	·	p
0001	SOH	DC1	!	1	A	Q	a	p
0010	STX	DC2	“	2	B	R	b	r
0011	ETX	DC3	#	3	C	S	c	s
0100	EOT	DC4	$	4	D	T	d	t
0101	ENQ	NAK	%	5	E	U	e	u
0110	ACK	SYN	&	6	F	V	f	v
0111	BEL	ETB	,	7	G	W	g	W
1000	BS	CAN	)	8	H	X	h	x
1001	HT	EM	(	9	I	Y	i	y
1010	LF	SUB	*	:	J	Z	j	z
1011	VT	ESC	+	;	K	J	k	{
1100	FF	FS	,	<	L	\	l	|
1101	CR	GS	—	=	M	J	m	}
1110	SO	RS	。	>	N	ˆ	n	～
1111	SI	US	/	?	O	_	o	DEL

1.2.1.3 电平

1. 常用电平简介

常用的逻辑电平有TTL、CMOS、LVTTL、ECL、PECL、GTL；RS232、RS422、LVDS等。其中TTL和CMOS的逻辑电平按典型电压可分为四类：5V系列（5VTTL和5VCMOS)、3.3V系列、2.5V系列和1.8V系列。

5VTTL（transister transister logic，晶体管—晶体管逻辑）和5VCMOS（complementary metal oxide semiconductor，互补金属氧化物半导体逻辑电平）是通用的逻辑电平。3.3V及以下的逻辑电平被称为低电压逻辑电平，常用的为LVTTL电平。

2. TTL电平与CMOS电平的区别

TTL电平是5V，CMOS电平一般是12V。5V的电平不能触发CMOS电路，12V的电平会损坏TTL电路，因此两者不能互相兼容匹配。

TTL电平：输出L：＜0.4V，＞2.4V。输入L：＜0.8V，＞2.0VTTL。即：器件输出低电平要小于0.4V，高电平要大于2.4V；输入低于0.8V就认为是0，高于2.0就认为是1。

CMOS电平：输出L：＜0.1VCC，＞0.9VCC。输入L：＜0.3VCC，＞0.7VCC。即：器件输出低电平要小于0.1VCC，高电平要高于0.9VCC；输入低于0.3VCC就认为是0，高于0.7VCC就认为是1。

3. TTL和CMOS转换常用的方法

晶体管或OC/OD器件结合上拉电阻进行电平转换，将一个双极型三极管（MOSFET）或OC/OD器件，C/D极接一个上拉电阻到正电源，输入电平很灵活，输出电平大致就是正电源电平。

74xHCT系列芯片升压（3.3V→5V）凡是输入与5VTTL电平兼容的5VCMOS器件都可以用作3.3V→5V电平转换。这是由于3.3VCMOS的电平刚好和5VTTL电平兼容(巧合)，而CMOS的输出电平总是接近电源电平的。超限输入降压法（5V→3.3V，3.3V→1.8V，...），凡是允许输入电平超过电源的逻辑器件，都可以用作降低电平。这里的“超限”是指超过电源，许多较古老的器件都不允许输入电压超过电源，但越来越多的新器件取消了这个限制（改变了输入级保护电路)。例如，74AHC/VHC系列芯片，其datasheets明确注明“输入电压范围为0～5.5V”，如果采用3.3V供电，就可以实现5V→3.3V电平转换。

1.2.2 学习材料的准备

1. 实用的教材和视频教程

要学习单片机这门技术，良好的教材和教程必不可少。单片机方面，除了本书而外，可推荐学习《51单片机C语言攻略》相关教程，如果C语言基础不好，可有一本纯C语言的教材。

2. 电脑一台、单片机开发板一块

电脑，是学习单片机必不可少的工具。

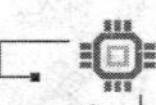

开发板，也是必备。学校实验室有开发板，可以借一个，也可以自行购置，开发板需要和教材或者教程相适应。本教材是使用仿真软件 Proteus 对单片机及周边硬件进行模拟仿真，对开发板使用率不高。这也是本教材的特点之一。但是，拿起烙铁焊电路，动手写程序，才是单片机学习的终极目标。

1.3 怎么学好单片机

单片机是一门实用技术，通过单片机实验实训锻炼，增强自身实力，获寻就业方向。学习单片机的四个过程是：鹦鹉学舌、照葫芦画瓢、借力打力和理实结合。

第一步：鹦鹉学舌。

大家刚开始接触单片机的时候，单片机的外观，单片机的各种器件，单片机各种结构，单片机使用 C 语言的编程方法，初学者可能都没有见过，脑子里全无概念。初学者可以跟着本书先做鹦鹉学舌式的学习，第一遍学习时，初学者可以完全照抄程序，甚至抄两三遍，过一段时间就会发现，好多东西慢慢认识了，好多概念也慢慢地理解清楚了，也能大概看懂别人的小程序了，但切忌觉得自己看会了，而进行简单复制粘贴。

第二步：照葫芦画瓢。

初学者在学习当前课程的内容时，把第一步顺利完成以后，关掉视频教程，关掉源代码，自己通过看电路图和查找非源代码的其他任何资料，把当节课学习的程序代码重新默写出来，边写边理解，而不是纯粹的背诵。此种练习可以多次，推荐进行反复多次循环练习。

第三步：借力打力。

单片机技术的最大特点就是可以通过修改程序来实现不同的功能，因此举一反三的能力就必不可少。

在工程师实际产品研发的时候，很多种情况下也是如此。比如一个产品，如果从零起步的话，可能会走很多弯路，遭遇很多前人已曾遭遇过的挫折，所以通常的做法是寻找购买几款同类产品，先研究他们的各自优缺点，学习他们的长处，然后在同类产品基础上再来设计自己的产品，这就是“他山之石，可以攻玉”。

初学者在学习的时候，往往遇到的问题很多，有可能网上都有案例和解答。要善于利用网络资源搜索做新东西之前，可查阅相关资料，不管是编程还是硬件设计，多多参考别人的产品，先把别人的产品分析明白了，自己用起来了，也就成为自己的知识了。

第四步：理实结合。

本书以学习者已经学习 51 单片机为前提，复习单总线协议、SPI 、IIC 通信协议的基础上，继续引导和探索使用 STM32 和 ARM 嵌入式常用芯片来分别实现系统和项目。

第 2 章　51 单片机单总线通信实例

51 单片机是学习嵌入式软硬件知识的基础芯片。本章主要讲解单总线技术和协议，以常见的温湿度芯片 DHT11 和温度检测芯片 DS18B20 与 51 单片机组件项目和系统为实例说明其应用。

2.1　单总线协议

2.1.1　单总线协议的定义

1 - wire 单总线是 Maxim 全资子公司 Dallas 的一项专有技术。与目前多数标准串行数据通信方式如 SPI/IIC/Microwire 不同，它采用单根信号线，既传输时钟，又传输数据，而且数据传输是双向的。它具有节省 I/O 口线资源、结构简单、成本低廉、便于总线扩展和维护等诸多优点。

采用单总线接口芯片可以方便地组成数据交换网络，由单总线芯片组成的网络被称为微型局域网（Micro LAN）。微型局域网是一种主从式网络，它以个人计算机或单片机作为网络中的主设备，而网络中其他所有设备都被称为从设备，从设备由主设备集中管理来实现主设备和各从设备之间的数据通信。微型局域网的规模灵活可变，一个网络中的从设备数可以从几个到数千个不等，理论上几乎不存在限制。微型局域网的组网十分简单，只需要一对普通的双绞线就能组网，而且所有的从设备无需自带电源，因而具有组网快、成本低的特点，非常适于现场应用，是现场总线技术的一种新选择。

2.1.2　单总线硬件结构

顾名思义，单总线只有一根数据线。单总线标准为外设器件沿着一条数据线进行双向数据传输提供了一种简单的方案，任何单总线系统都包含一台主机和一个或多个从机，它们共用一条数据线。这条数据线被地址、控制和数据信息复用，大多数器件完全依靠从数据线上获得的电源供电，个别器件在许可的情况下由本地电源供电。当数据线为高电平时，电荷存储在器件内部；当数据线为低电平时，器件利用这些电荷提供能量。图 2.1 为单总线器件 I/O 端口的内部结构。

对于单总线器件，为了使每个器件在合适的时候都能被驱动，它们与总线匹配的端口也必须具有开漏输出或三态输出的功能。系统主设备的I/O端口也有类似的结构。出于主机和从机都是开漏输出，在主设备的总线侧必须有上拉电阻，系统才能正常操作。

图2.2为DS18B20外观图。单总线器件根据其应用场合，常用的封装形式有10种，通常采用3引脚PR－35封装，外形类似于小功率三极管，在三个引脚中有一个公共地端、一个数据输入/输出端和一个电源端。电源端可以为单总线器件提供外部电源，从而免除总线集中馈电。对于大多数采用总线集中供电的单总线器件，等效于在各器件内部有一个约5μA的恒流充电源（参见图2.1），从而使得单总线器件功耗较低。

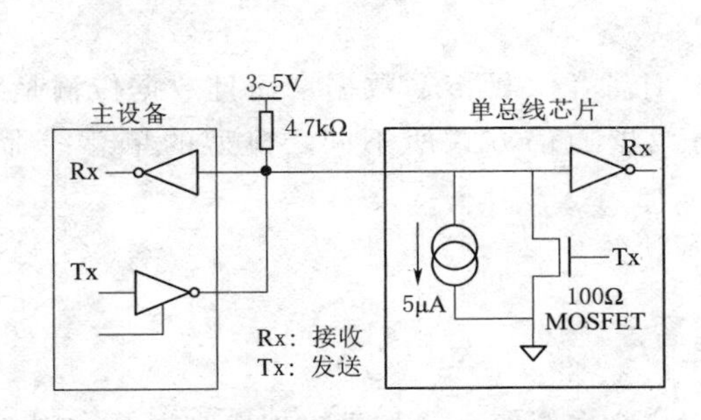

图2.1 单总线器件I/O端口内部结构

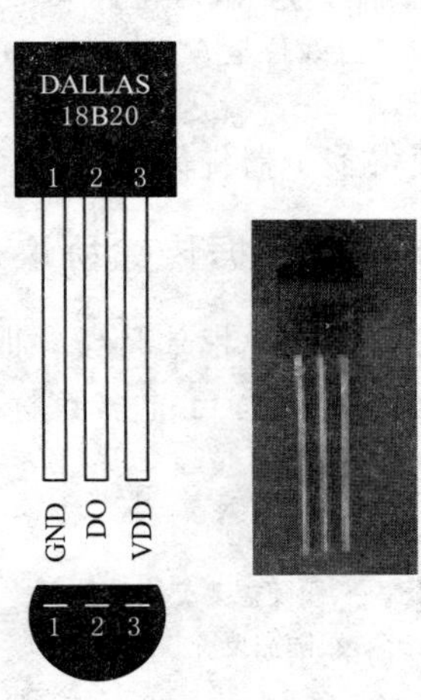

图2.2 单总线芯片DS18B20外观图

单总线要求外接一个约5kΩ的上拉电阻，这样，单总线的闲置状态为高电平。如果传输过程需要暂时挂起，且要求传输过程还能够继续，则总线必须处于空闲状态。位传输之间的恢复时间没有限制，只要总线在恢复期间处于空闲状态（高电平）。如果总线保持低电平超过480μs，总线上的所有器件将复位。另外，在寄生方式供电时，为了保证单总线器件在某些工作状态下（如温度转换期间、EEPROM写入等）具有足够的电源电流，必须在总线上提供强上拉（图2.1所示的MOSFET）。

单总线接口技术的另外一个显著的特点就是不需要使用独立的电源，所有的单总线芯片都可以通过单线寄生电源供电。图2.3为对单线寄生供电的原理示意图。

图2.3中，DQ引脚连接在单线总线上，整个器件的电源来自这条总线上并接的主机，这种“偷电”式的供电称为寄生电源（parasite power）。当总线处于高电平时不仅经过二极管给芯片提供了电源，同时又给内部电容器充电而存储了能量；当总线变为低电平时二极管截止，芯片改由电容器供电，仍可正常操作，当然维持时间不可能太长。可见为了确保器件正常工作，总线上应该间隔地输出高电平，且保障能提供足够的电源电流，一般应有1mA。

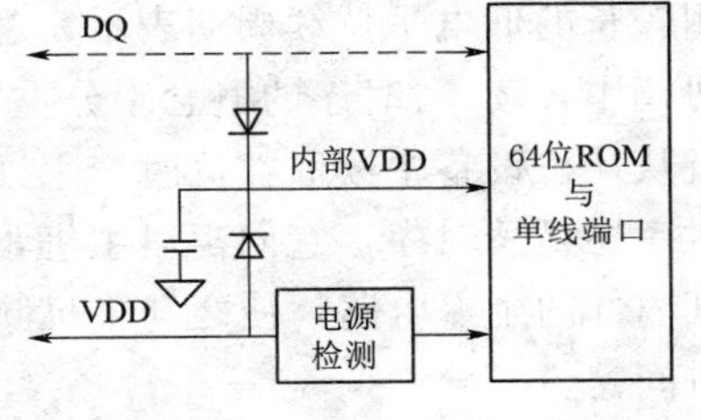

图2.3 单线寄生供电原理

因此当主设备位用5V电源时，总线的上拉电阻不可能大于5kΩ。需要说明的是，当同一单总线上有多个器件同时操作时会出现供电不足的问题。

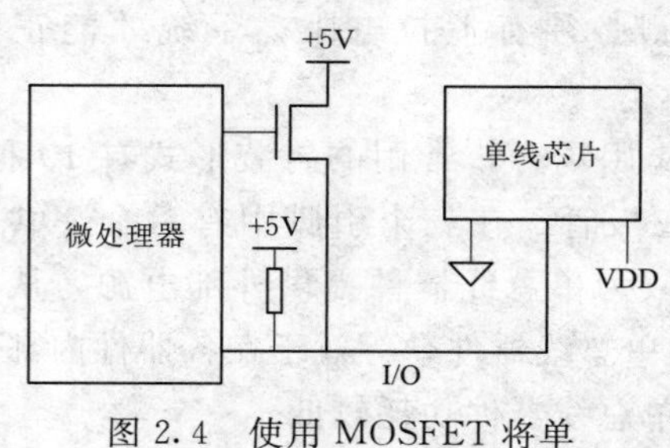

图2.4　使用MOSFET将单总线拉至5.0V

为了解决单总线供电不足的问题，可以采用图2.4所示的方法。图2.4中，使用MOSFET将I/O线的高电平强拉到5.0V，从而可以增加驱动电流。

除了图2.4介绍的解决供电问题的方法外，还可以通过单总线芯片的VDD引脚使用外接电源的方法来解决这一问题。在这种解决方法下。应将I/O引脚通过4.7kΩ的电阻连接到正电源端。采用这种外接电源供电的方法有一个最大的优点，就是可以使得多个器件同时工作。

2.1.3　单总线数据传输协议规范

单总线因采用单根信号线，既可传输时钟，又可传输数据，而且数据传输是双向的，因而其通信协议也与目前多数标准串行数据通信方式所不同。典型的单总线命令序列如下：

- 初始化；
- ROM命令，跟随需要交换的数据。
- 功能命令，跟随需要交换的数据。

每次访问单总线器件，必须严格遵守这个命令序列。如果出现序列混乱，则单总线器件不会响应主机。但是，这个准则对于搜索ROM命令和报警搜索命令例外。在执行两者中任何一条命令之后，主机不能执行其后的功能命令，必须返回至第一步。

为了简单说明单总线数据传输的过程，本节内容只讲述单总线通信信号类型和初始化内容，具体的传输代码将结合DHT11和DS18B20芯片在本章后续小节中详细讲解。

2.1.3.1　单总线通信信号类型

所有的单总线器件要求采用严格的通信协议，以保证数据的完整性。该协议定义了几种信号类型：复位脉冲、应答脉冲、写0、写1、读0和读1。所有这些信号，除了应答脉冲以外，都由主机发出同步信号。并且发送所有的命令和数据都是字节的低位在前。

注意：这一点与多数串行通信格式不同（多数为字节的高位在前）。

单总线通信协议中不同类型的信号都采用一种类似于脉宽调制的波形表示，逻辑“0”用较长的低电平持续周期表示，逻辑“1”用较长的高电平持续周期表示。在单总线通信协议中，读/写时序的概念十分重要，当系统主机向从设备输出数据时产生写时序，当主机从从机设备中读取数据时产生读时序，每一个时序内总线只能传输一位数据。无论是读时序还是写时序，它们都以主机驱动数据线为低电平开始，数据线的下降沿使从设备触发其内部的延迟电路，使之与主机同步。在写时序内，该延迟电路决定从设备采样数据线的时间窗口。

单总线通信协议中存在两种写时序：写1和写0。主机采用写1时序向从机写入1，

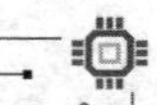

而采用写 0 时序向从机写入 0。所有写时序至少需要 60ms，且在两次独立的写时序之间至少需要 1ms 的恢复时间。两种写时序均起始于主机拉低数据总线。产生写 1 时序的方式：主机在拉低总线后，接着必须在 15ms 之内释放总线，由上拉电阻将总线拉至高电平；产生写 0 时序的方式为在主机拉低总线后，只需在整个时序期间保持低电平即可（至少 60ms）。在写时序开始后 15～60ms 期间，单总线器件采样总线电平状态。如果在此期间采样值为高电平，则逻辑 1 被写入该器件；如果为 0，则写入逻辑 0。

图 2.5 给出了写时序（包括写 1 和写 0）的图形解释。

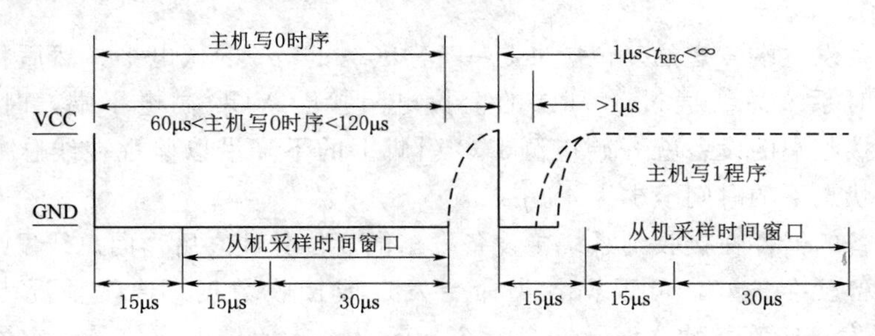

图 2.5 单总线通信协议中写时序图

在图 2.5 中，黑色实线代表系统主机拉低总线，黑色虚线代表上拉电阻将总线拉高。

对于读时序，单总线器件仅在主机发出读时序时，才向主机传输数据。所以在主机发出读数据命令后，必须马上产生读时序，以便从机能够传输数据。所有读时序至少需要 60ms，且在两次独立的读时序之间至少需要 1ms 的恢复时间。每个读时序都由主机发起，至少拉低总线 1ms。在主机发起读时序之后，单总线器件才开始在总线上发送 0 或 1。若从机发送 1，则保持总线为高电平；若发送 0，则拉低总线电平。

当发送 0 时，从机在该时序结束后释放总线，由上拉电阻将总线拉回至空闲高电平状态。从机发出的数据在起始时序之后，保持有效时间 15ms，因此主机在读时序期间必须释放总线并且在时序起始后的 15ms 之内采样总线状态。

图 2.6 所示给出了读时序（包括读 1 和读 0）的图形解释。

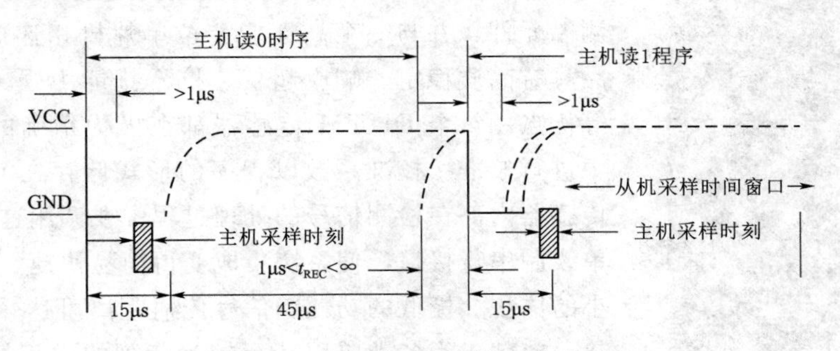

图 2.6 单总线通信协议中读时序图

2.1.3.2 单总线通信的初始化

单总线上的所有通信都是以初始化序列开始，初始化序列包括主机发出的复位脉冲及从机的应答脉冲，这一过程如图 2.7 所示。在图 2.7 中，黑色实线代表系统主机拉低总线，点划线代表从机拉低总线，黑色虚线则代表上拉电阻将总线拉高。

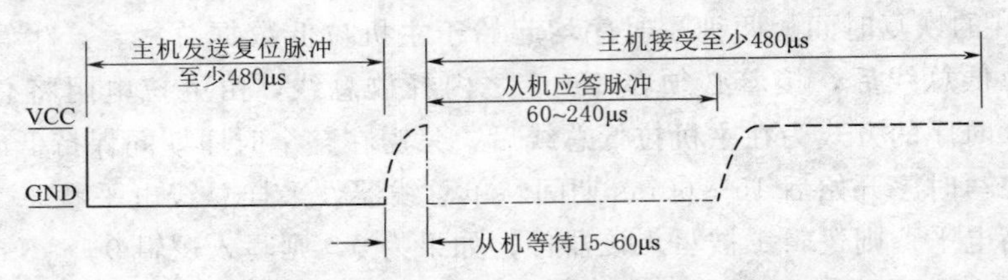

图 2.7　初始化过程中的复位与应答脉冲

系统主设备发送端发送的复位脉冲是一个 480～960μs 的低电平，然后释放总线进入接收状态。此时系统总线通过 4.7kΩ 的上拉电阻接至 VCC 高电平端，时间约为 15～60μs，接着在接收端的设备就开始检测 I/O 引脚上的下降沿以监视在线脉冲的到来。主设备处于这种状态下的时间至少为 480μs。

作为从设备的器件在接收到系统主设备发出的复位脉冲之后，向总线发出一个应答脉冲，表示从设备已准备好，可根据各类命令发送或接收数据。通常情况下，器件等待 15～60μs 即可发送应答脉冲（该脉冲是一个 60～240μs 的低电平信号，它由从机强迫将总线拉低）。

复位脉冲是主设备以广播方式发出的，因而总线上所有的从设备都同时发出应答脉冲。一旦检测到应答脉冲后，主设备就认为总线上已连接了从设备，接着主设备将发送有关的 ROM 功能命令。如果主设备未能检测到应答脉冲，则认为总线上没有挂接单总线从设备。

2.2　温湿度传感器芯片 DHT11 和通信实例

DHT11 数字温湿度传感器是一款含有已校准数字信号输出的温湿度复合传感器。它应用专用的数字模块采集技术和温湿度传感技术，确保产品具有极高的可靠性与卓越的长期稳定性。传感器包括一个电阻式感湿元件和一个 NTC 测温元件，并与一个高性能 8 位单片机相连接。因此该产品具有品质稳定、响应超快、抗干扰能力强、性价比极高等优点。每个 DHT11 传感器都在极为精确的湿度校验室中进行校准。校准系数以程序的形式储存在 OTP 内存中，传感器内部在检测信号的处理过程中要调用这些校准系数。单线制串行接口，使系统集成变得简易快捷。DHT11 以超小的体积、极低的功耗、信号传输距离可达 20m 以上等优势，使其成为各类应用甚至较为苛刻的应用场合的最佳选择。DHT11 产品为 4 针单排引脚封装，连接方便，特殊封装形式可根据用户需求而提供。DHT11 实物图如图 2.8 所示。

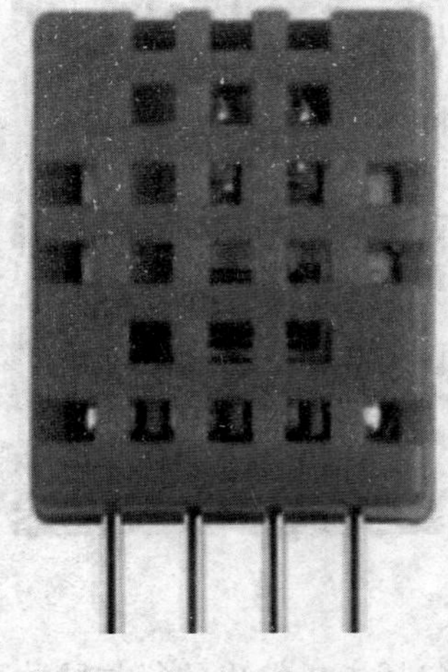

图 2.8　温湿度传感器芯片 DHT11 实物图

DHT11 引脚说明见表 2.1。

表 2.1　　温湿度传感器芯片 DHT11 引脚说明

引脚	名称	注　释	引脚	名称	注　释
1	VDD	供电 3～5.5V DC	3	NC	空脚（悬空即可）
2	DATA	串行数据、单总线	4	GND	接地，电源负极

2.2.1　温湿度传感器芯片 DHT11 与单片机典型电路图

为了数据传输的准确性，建议在数据传输线（DATA）使用上拉电阻（建议距离小于 20m 使用 5kΩ），DHT11 的供电电压为 3～5.5V。传感器上电后，要等待 1s 以越过不稳定状态，在此期间无需发送任何指令。电源引脚（VDD，GND）之间可增加一个 100nF 的电容，用以去耦滤波。DHT11 与单片机的典型连接电路图如图 2.9 所示。

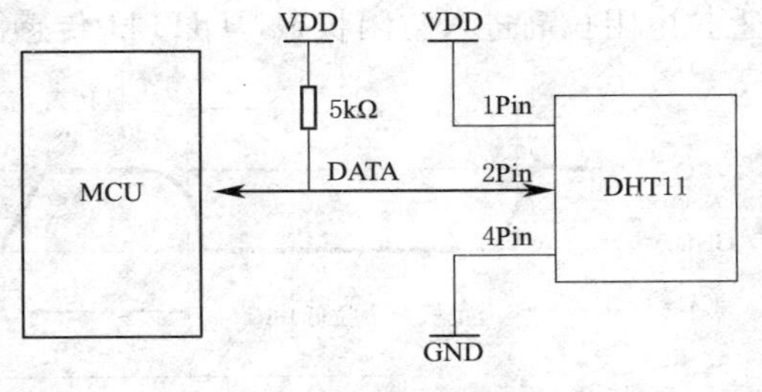

图 2.9　温湿度传感器 DHT11 与单片机连接典型电路图

2.2.2　温湿度传感器芯片 DHT11 数据传输格式和时序

温湿度传感器芯片 DHT 引脚 DATA 用于微处理器与 DHT11 之间的通信和同步，采用单总线数据格式，一次完整的数据传输为 40bit，高位先出，一次通信时间 4ms 左右，数据分小数部分和整数部分，具体数据传输格式和时序如下说明。

数据格式：8bit 湿度整数数据＋8bit 湿度小数数据＋8bit 温度整数数据＋8bit 温度小数数据＋8bit 校验和，实际使用过程中，一般不使用温湿度数据的小数部分；数据传送正确时校验和数据等于“8bit 湿度整数数据＋8bit 湿度小数数据＋8bit 温度整数数据＋8bit 温度小数数据”所得结果的末 8 位。

当单片机发送一次开始信号后，DHT11 从低功耗模式转换到高速模式，等待主机开始信号结束后，DHT11 发送响应信号，送出 40bit 的数据，并触发一次信号采集，用户可选择读取部分数据。从模式下，DHT11 接收到开始信号触发一次温湿度采集，如果没有接收到主机发送开始信号，DHT11 不会主动进行温湿度采集。采集数据后转换到低速模式，该过程启动时序图如图 2.10 所示。

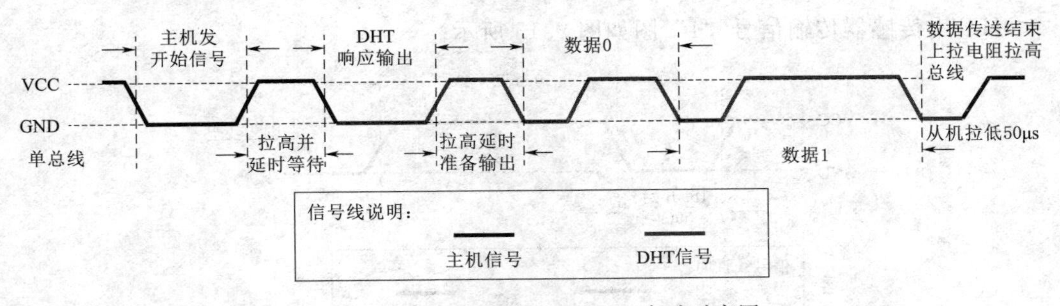

图 2.10　温湿度传感器 DHT11 启动时序图

总线空闲状态为高电平，主机把总线拉低等待 DHT11 响应，主机把总线拉低必须大于 18ms，保证 DHT11 能检测到起始信号。DHT11 接收到主机的开始信号后，等待主机开始信号结束，然后发送 80μs 低电平响应信号。主机发送开始信号结束后，延时等待 20～40μs 后，读取 DHT11 的响应信号，主机发送开始信号后，可以切换到输入模式，或者输出高电平均可，总线由上拉电阻拉高。当总线为低电平，说明 DHT11 发送响应信号，DHT11 发送响应信号后，再把总线拉高 80μs，准备发送数据，每 1bit 数据都以 50μs 低电平时序开始，高电平的长短定了数据位是 0 还是 1。如果读取响应信号为高电平，则 DHT11 没有响应，请检查线路是否连接正常。当最后 1bit 数据传送完毕后，DHT11 拉低总线 50μs，随后总线由上拉电阻拉高进入空闲状态，DHT11 传感器响应时序图如图 2.11 所示。

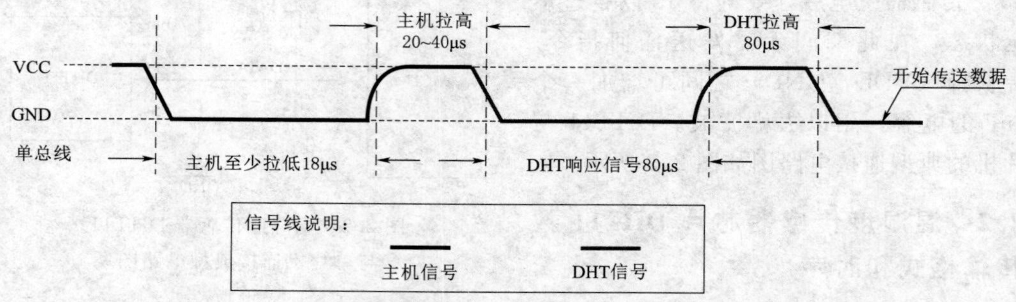

图 2.11 温湿度传感器 DHT11 响应时序图

DHT11 传感器传输信号“0”图如图 2.12 所示。

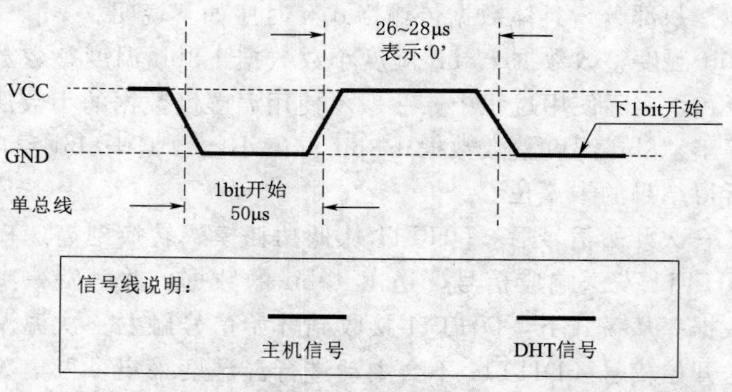

图 2.12 温湿度传感器传输信号“0”时序图

DHT11 传感器传输信号“1”图如图 2.13 所示。

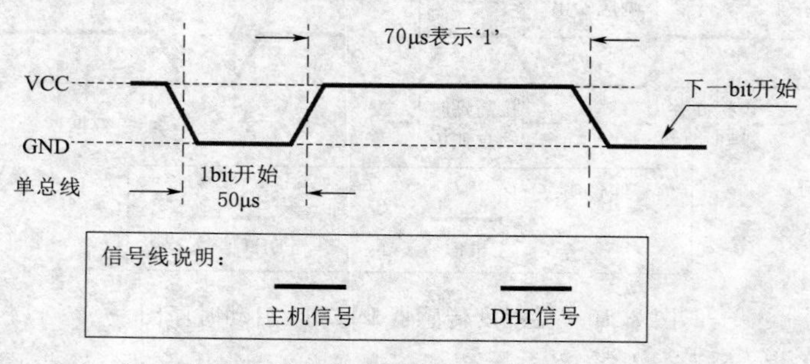

图 2.13 温湿度传感器传输信号“1”时序图

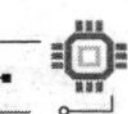

2.2.3 温湿度传感器芯片 DHT11 与单片机通信的典型实例

实例要求：利用单片机（示例型号 AT89C51）的 P0 引脚连接显示部分（LCD1602），P1 引脚连接温湿度传感器芯片（DHT11），最终效果在显示部分（LCD1602）上显示温湿度传感器芯片（DHT11）的温湿度数据。注意，因为是模拟仿真过程，温湿度传感器芯片 DHT11 的数据来源也是用户输入，并不是实际场地的温湿度信息。

2.2.3.1 温湿度传感器芯片 DHT11 与单片机连接仿真和电路图设计

通过 Proteus 绘制项目电路图，并且通过该软件制作 PCB 板，实现电路的设计、仿真和实现。Proteus 仿真电路图如图 2.14 所示。

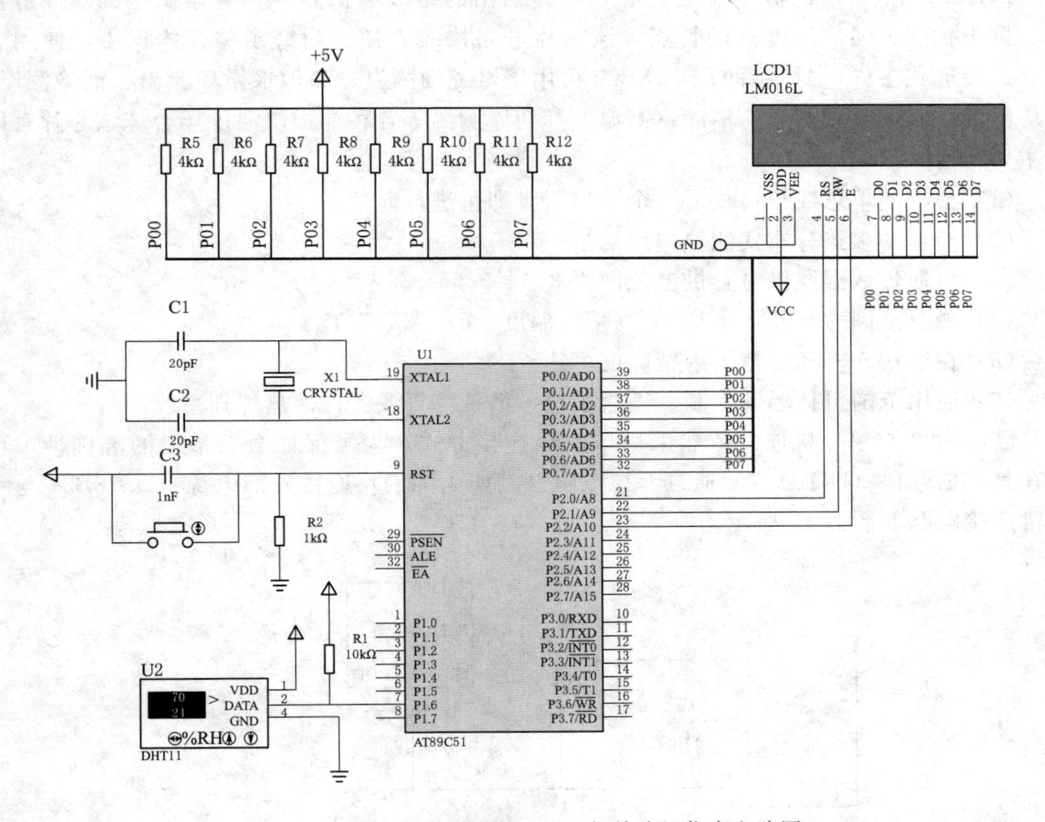

图 2.14 温湿度传感器 DHT11 与单片机仿真电路图

利用 Proteus 仿真基于 DHT11 的温湿度数据采集仿真电路图有以下器件。

（1）LM016L：2 行 16 列液晶［EN 三个控制端口（共 14 线），工作电压为 5V。无背光，可显示 2 行 16 列英文字符，有 8 位数据总线 D0 - D7］。

（2）RESPACK：排阻。

（3）DHT11：温湿度传感器单总线传输芯片。

（4）CRYSTAL：晶体振荡器。

（5）其他型号的电容电阻。

2.2.3.2 温湿度传感器芯片DHT11采集信号实训软件设计

本章主要是对温湿度传感器芯片DHT11使用的单总线通信协议进行详细讲解，主要关注的是如何通过控制单片机I/O端口的高低电平实现对温湿度传感器DHT11的启动、终止、响应和传输。

2.3 温度传感器芯片DS18B20和通信实例

2.3.1 传感器芯片DS18B20概述和特性

DS18B20是常用的数字温度传感器，其输出的是数字信号，具有体积小、硬件造价低、抗干扰能力强、精度高的特点。该芯片电路接线方便、耐磨耐碰、体积小、使用方便、封装形式多样，封装后的DS18B20可用于电缆沟测温、高炉水循环测温、锅炉测温、机房测温、农业大棚测温、洁净室测温、弹药库测温等各种非极限温度场合。该芯片有以下主要特性：

(1) 独特的单总线接口仅需一个端口引脚即可进行通信。

(2) 简单的多点分布式测温应用场景。

(3) 可通过数据线供电，供电范围为3.0～5.5V。

(4) 测温范围为－55～＋125℃（华氏温度－67～257℉）。

(5) 在－10～＋85℃范围内精确度可达±5℃。

(6) 应用范围包括温度控制、工业系统、消费零售或者任何热感知系统。

DS18B20与单片机连接依然采用单总线连接方式，为了保证数据传输的准确性，可以在其数据端口（DQ总线）通过上拉电阻（例如4.7kΩ）连接外部电源。DS18B20与单片机连接电路如图2.15所示。

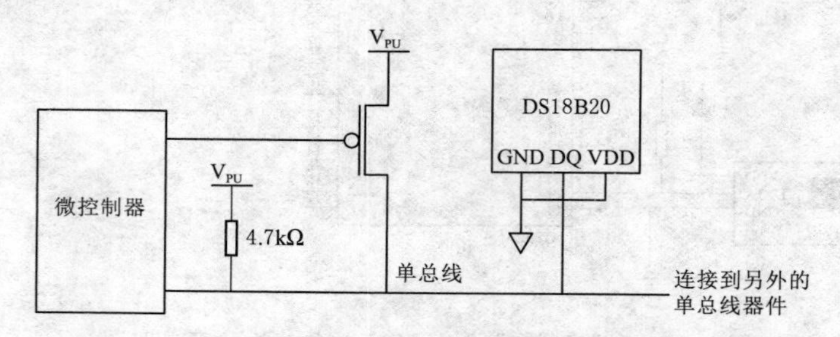

图2.15 单片机与DS18B20连接电路示意图

DS18B20通过一个单总线接口发送或者接收信息，而且根据使用场景不同也有不同的封装形式，具体引脚说明请见表2.2。

表2.2 DS18B20引脚说明表

引脚	说明	引脚	说明
GND	接地	VDD	可选电源电压
DQ	数据线引脚I/O	NC	无连接

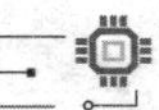

DS18B20 的供电电压为 3.0～5.5V，因此 VDD 被描述为可选电源电压。在日常使用中，DS18B20 常用的封装形式如图 2.16 所示，图 2.16（a）为 TO－92 封装，图 2.16（b）为 SOIC 封装。注意，在 TO－92 封装图中，没有 NC 引脚，其他引脚可以直接使用。

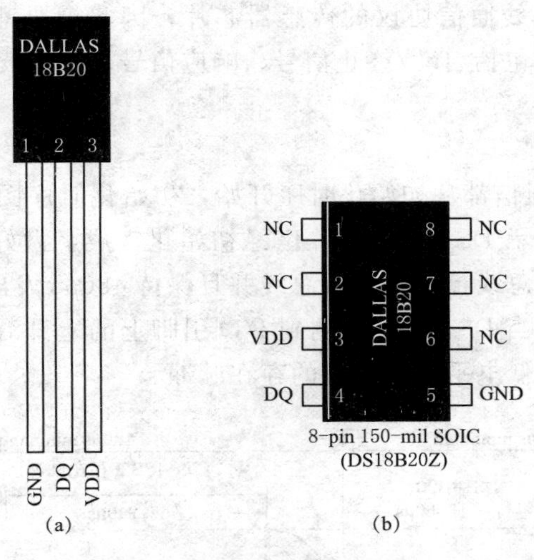

图 2.16　DS18B20 芯片的常用封装形式示意图

2.3.2　温度传感器芯片 DS18B20 数据传输格式和时序

DS18B20 通过编程，可以实现最高 12 位的温度存储值，在寄存器中，以补码的格式存储，如图 2.17 所示。

寄存器数据包含 2 个字节，LSB 是低字节，MSB 是高字节，其中 MSb 是字节的高位，LSb 是字节的低位。其中，S 表示的是符号位，低 11 位都是 2 的幂，用来表示最终的温度，温度数据的表现形式有正负温度，寄存器中每个数字如同卡尺的刻度一样分布，见表 2.3。

2^3	2^2	2^1	2^0	2^{-1}	2^{-2}	2^{-3}	2^{-4}	LSB
MSb			(unit=℃)				LSb	
S	S	S	S	S	2^6	2^5	2^4	MSB

图 2.17　DS18B20 温度数据格式

表 2.3　　DS18B20 寄存器和温度数据对比表

TEMPERATURE	DIGITAL OUTPUT (Binary)	DIGITAL OUTPUT (Hex)
＋125℃	0000 0111 1101 0000	07D0h
＋25.0625℃	0000 0001 1001 0001	0191h
＋10.125℃	0000 0000 1010 0010	00A2h
＋0.5℃	0000 0000 0000 1000	0008h
0℃	0000 0000 0000 0000	0000h
－0.5℃	1111 1111 1111 1000	FFF8h
－10.125℃	1111 1111 0101 1110	FF5Eh
－25.0625℃	1111 1110 0110 1111	FF6Fh
－55℃	1111 1100 1001 0000	FC90h

二进制数字最低位变化1，代表温度变化0.0625℃的映射关系。当0℃的时候，那就是0×0000；当温度125℃时，对应十六进制是0×07D0；当温度是－55℃的时候，对应的数字是0×FC90。反过来说，当数字是0×0001的时候，那温度就是0.0625℃。

DS18B20依然是单总线通信协议的传感器芯片，因此需要遵循严格的单总线协议以确保数据的完整性，协议包括启动/终止信号、响应信号、写和读“0”信号，下面将上述信号的时序列出。

2.3.2.1　初始化时序

与DS18B20之间的通信都从初始化时序开始，初始化时序图示见图2.18，一个复位脉冲紧跟一个存在脉冲表示DS18B20芯片已经初始化完成，做好了发送和接收数据的准备。在初始化序列期间，总线控制器拉低总线并且保持480μs发出一个复位脉冲，然后释放总线，进入接收状态；当DS18B20探测到I/O引脚上的上升沿后，等待15～60μs，然后发出一个由60～240μs低电平信号构成的存在脉冲。

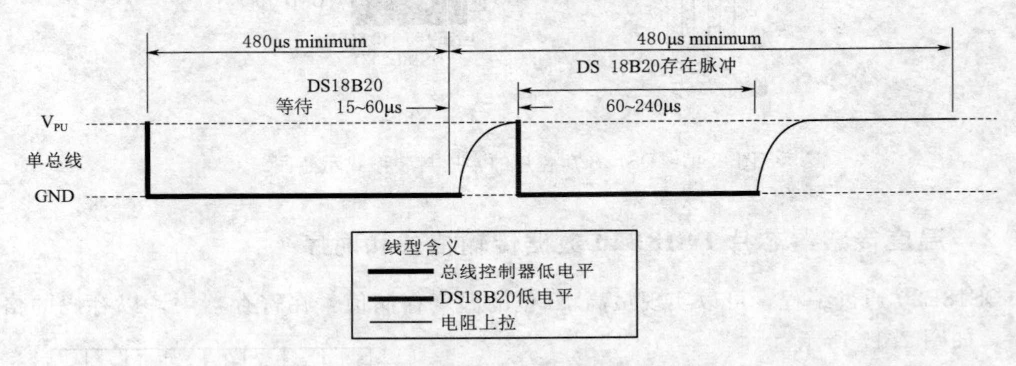

图2.18　DS18B20芯片的初始化时序图示

2.3.2.2　写时序

写时序分别有写“0”和写“1”时序。不论是写“0”和“1”数据到DS18B20芯片，所有的时序保持时间都要维持60μs以上，包括两个写周期之间至少1μs的恢复时间，当数据线从逻辑高电平拉到低电平的时候，写时序开始，写时序图示如图2.19所示。

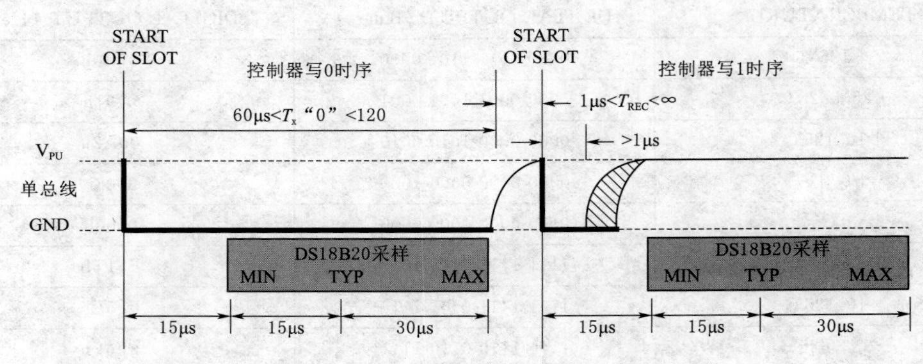

图2.19　DS18B20芯片的写时序图示

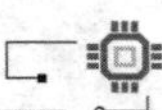

写时序开始后，DS18B20 在一个 15～60μs 的时间段窗口内对 I/O 线采样。如果线上是高电平，则写时序“1”；反之如果是低电平，则是写时序“0”。

2.3.2.3 读时序

读时序保持时间与写时序一致，都要维持 60μs 以上，包括两个读周期期间至少 1μs 的恢复时间。当总线控制器把数据从高电平拉低到低电平之后，读时序开始，数据线必须至少保持 1μs，然后总线被释放，读时序开始，读时序图示如图 2.20 所示。读时序开始后，芯片 DS18B20 通过拉高或者拉低总线电平来传输“0”或者“1”，当传输逻辑“0”结束后，总线将被释放，通过上拉电阻恢复到高电平状态，从芯片 DS18B20 输出的数据在读时序的下降沿出现后 15μs 内有效，所以在读时序开始后要停止把 I/O 引脚驱动为低电平 15μs，以读取 I/O 脚状态。

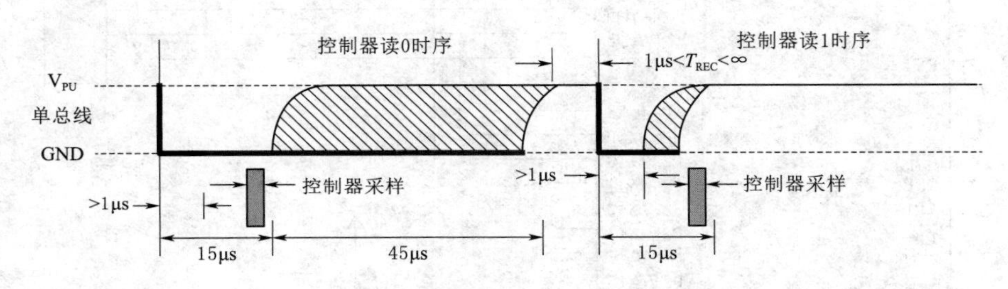

图 2.20 DS18B20 芯片的读时序图示

2.3.3 温度传感器芯片 DS18B20 与单片机通信的典型实例

典型实例要求：利用单片机（示例型号 AT89C51）的 P0 和 P2 引脚连接显示部分（四位数码管），P1 引脚连接报警部分，P3 引脚连接温度传感器芯片（DS18B20）和键盘电路，最终效果在显示部分（四位数码管）上显示温度传感器芯片（DS18B20）的温度数据，且还可以根据 P3 引脚的键盘电路设置温度的最大、最小值。如果超过限值，P1 引脚的报警电路会被触发。注意，因为是模拟仿真过程，温度传感器芯片 DS18B20 的数据来源也是用户输入，并不是实际场地的温度信息。

通过 Proteus 绘制项目电路图，并且该软件能够制作 PCB 板，实现电路的设计、仿真和实现。Proteus 仿真电路图如图 2.21 所示。

利用 Proteus 仿真基于 DS18B20 的温度数据采集仿真电路图有以下器件。

7SEG－MPX4－CA：四个共阳极二极管显示器，1234 是阳极公共端，在后续代码中，使用共阳极数码管数组。

RESPACK：排阻。

DS18B20：温度传感器单总线传输芯片。

CRYSTAL：晶体振荡器。

2N2905：PNP 型三极管。

其他型号的电容电阻。

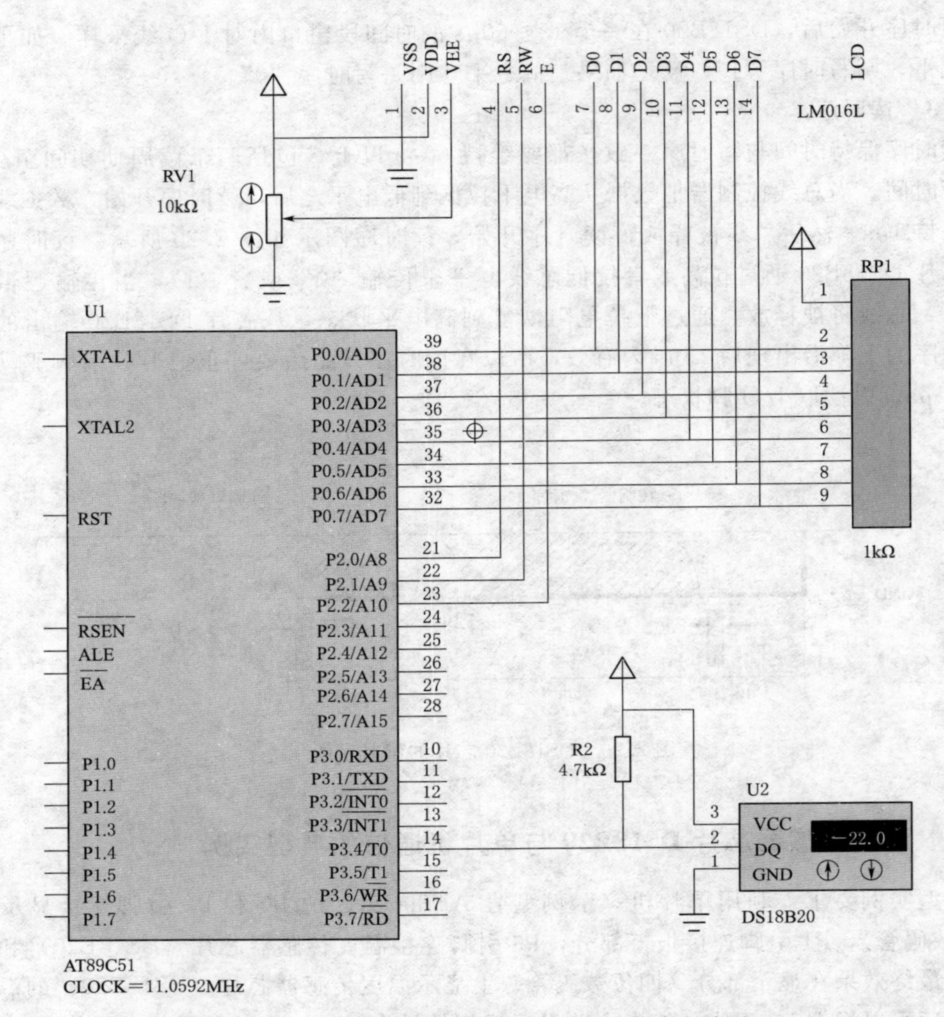

图 2.21　温度传感器 DS18B20 与单片机仿真电路图

第3章 51单片机SPI通信协议实例

51单片机是学习嵌入式软硬件知识的基础芯片，SPI总线协议是单片机、嵌入式程序编写的重点内容之一，也是CPU与集成电路联络的重要手段之一。本章主要讲解SPI通信协议、SPI通信协议时序和子函数以及使用SPI通信协议典型芯片DS1302使用实例。

3.1 SPI（串行外设接口）通信协议

3.1.1 SPI（串行外设接口）介绍

串行外设接口SPI（serial peripheral interface），是摩托罗拉公司（Motorola）最先推出的一种同步串行传输规范，又是一种单片机外设芯片串行扩展接口，也是一种高速、全双工、同步通信总线，可以在同一时间发送和接收数据，没有定义速度限制，通常能达到甚至超过10Mbit/s。SPI有主、从两种模式，通常由一个主模块和一个或多个从模块组成(SPI不支持多主机)，主模块选择一个从模块进行同步通信，从而完成数据的交换。提供时钟的为主设备，接收时钟的设备为从设备。SPI接口的读写操作，都是由主设备发起。当存在多个从设备时，通过各自的片选信号进行管理。

标准的SPI也仅仅使用4个引脚，常用于单片机和EEPROM、FLASH、实时时钟、数字信号处理器等器件的通信，分别是SSEL（片选，也写为SCS)、SCLK（时钟，也写为SCK)、MOSI（主机输出/从机输入Master Output/Slave Input）和MISO（主机输入/从机输出Master Input/Slave Output)。

SSEL：从设备片选使能信号。如果从设备是低电平使能，当拉低这个引脚后，从设备就会被选中，主机和这个被选中的从机进行通信。

SCLK：时钟信号，由主机产生，和IIC通信的SCL有点类似。

MOSI：主机给从机发送指令或者数据的通道。

MISO：主机读取从机的状态或者数据的通道。

产生时钟信号的器件称为主机。主机和从机之间传输的数据与主机产生的时钟同步。同IIC接口相比，SPI器件支持更高的时钟频率。用户应查阅产品数据手册以了解SPI接口的时钟频率规格。图3.1显示了主机和单从机之间的SPI连接设置，图3.2显示了单主机与多从机的 SPI 连接设置。

3.1.2　SPI（串行外设接口）数据传输

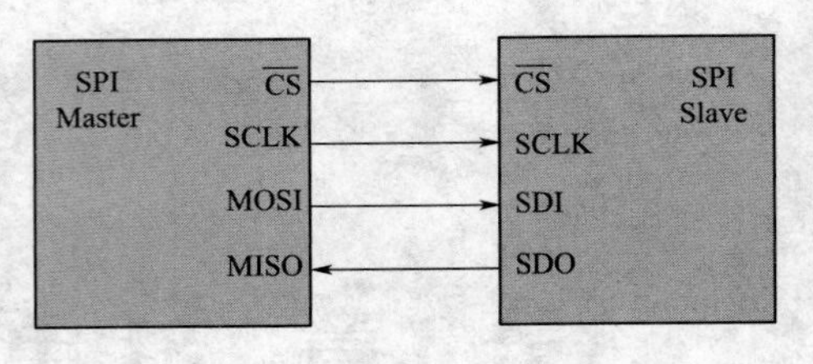

图 3.1　主机和单从机的 SPI 连接设置

开始 SPI（串行外设接口）数据传输之前，主机必须发送时钟信号，并且能够通过 CS 信号选择从机，片选信号一般是低电平有效信号。因此，主机必须在该信号上发送逻辑 0 选择从机。当使用多个从机时，主机需要为每个从机提供单独的片选信号。SPI 是全双工接口，主机和从机可以分别通过 MOSI 和 MISO 线路同时发送和接收数据。在通信期间，数据的发送（串行数据移出到 MOSI/SDO 总线上）和接收（采样或读入 MISO/SDI 总线上）可以同时进行，互不干扰和影响。SPI 通信协议也允许用户灵活选择时钟的上升沿和下降沿来采样或者移位数据。

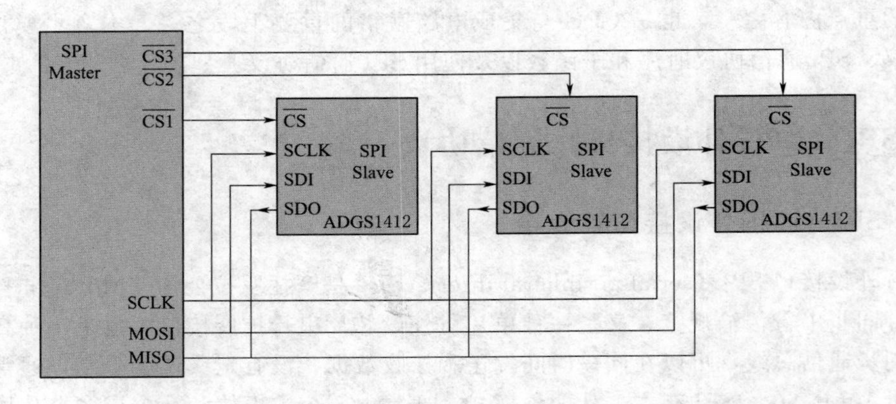

图 3.2　单主机和多从机的 SPI 连接设置

SPI 通信的主机即是单片机，在读写数据时序的过程中，有 4 种模式。

CPOL（clock polarity）：时钟的极性。通信的整个过程分为空闲时刻和通信时刻，如果 SCLK 在数据发送之前和之后的空闲状态是高电平，CPOL＝1；如果空闲状态 SCLK 是低电平，CPOL＝0。

CPHA（clock phase）：时钟的相位。

主机和从机要交换数据，就牵涉到一个问题，即主机在什么时刻输出数据到 MOSI 上而从机在什么时刻采样这个数据，或者从机在什么时刻输出数据到 MISO 上而主机什么时刻采样这个数据。同步通信的一个特点就是所有数据的变化和采样都是伴随着时钟沿进行的，也就是说数据总是在时钟的边沿附近变化或被采样。而一个时钟周期必定包含了一个上升沿和一个下降沿，这是周期的定义所决定的，只是这两个沿的先后并无规定。又因为数据从产生的时刻到它的稳定是需要一定时间的，那么，如果主机在上升沿输出数据到 MOSI 上，从机就只能在下降沿去采样这个数据了。反之，如果一方在下降沿输出数据，那么另一方就必须在上升沿采样这个数据。

CPHA＝1，就表示数据的输出是在一个时钟周期的第一个沿上，至于这个沿是上升沿还是下降沿，这要视 CPOL 的值而定。CPOL＝1 是下降沿；反之，就是上升沿，此时数据的采样自然就是在第二个沿上了。

CPHA＝0，就表示数据的采样是在一个时钟周期的第一个沿上，同样它是上升沿还是下降沿由 CPOL 决定。如果当一帧数据开始传输第一个 bit 时，在第一个时钟沿上就采样该数据，那么它是在什么时候输出的呢？有两种情况：一是 SSEL 使能的边沿，二是上一帧数据的最后一个时钟沿，有时两种情况还会同时产生。

3.1.3 SPI 通信时序分析图

以 CPOL＝1/CPHA＝1 为例，时序图如图 3.3 所示。

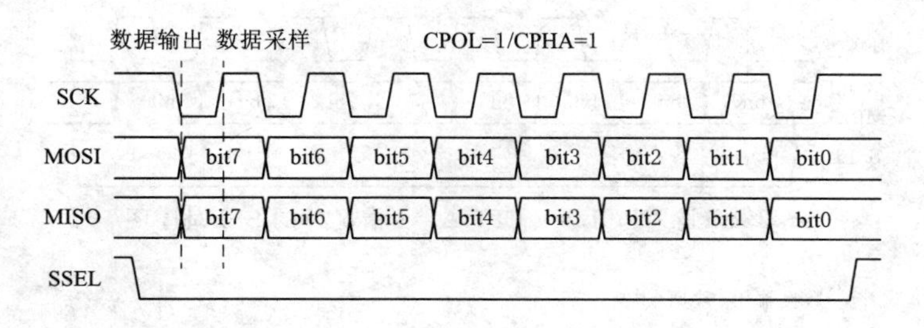

图 3.3　以 CPOL＝1/CPHA＝1 为例的 SPI 时序图

如图 3.3 所示，当数据未发送时以及发送完毕后，SCK 都是高电平，因此 CPOL＝1。可以看出，在 SCK 第一个沿的时候，MOSI 和 MISO 会发生变化，同时 SCK 第二个沿的时候，数据是稳定的，此刻采样数据是合适的，也就是上升沿即一个时钟周期的后沿锁存读取数据，即 CPHA＝1。注意最后最隐蔽的 SSEL 片选，这个引脚通常用来决定是哪个从机和主机进行通信。除 CPOL＝1/CPHA＝1 情况外的三种模式的 SPI 时序图如图 3.4 所示。

在时序上，SPI 因为没有起始、停止和应答信号，跟网络通信协议 TCP 和 UDP 类似，UART 和 SPI 在通信的时候，只负责通信，不管是否通信成功，而 IIC 却要通过应答信息来获取通信成功失败的信息，所以相对来说，UART 和 SPI 的时序都要比 IIC 简单一些。

SPI 通信特性：SPI 是单主设备（Single Master）通信协议，只有一支主设备能发起通信，当 SPI 主设备想读/写从设备时，它首先拉低从设备对应的 SS 线（SS 是低电平有效）。接着开始发送工作脉冲到时钟线上，在相应的脉冲时间上，主设备把信号发到 MOSI 实现“写”，同时可对 MISO 采样而实现“读”，如图 3.5 所示。

SPI 时钟特点：①时钟速率。SPI 总线上的主设备必须在通信开始时配置并生成相应的时钟信号。从理论上讲，只要实际可行，时钟速率就可以是想要的任何速率，当然这个速率受限于每个系统能提供多大的系统时钟频率以及最大的 SPI 传输速率。②时钟极性。根据硬件制造商的命名规则不同，时钟极性通常写为 CKP 或 CPOL。时钟极性和相位共同决定读取数据的方式，比如信号上升沿读取数据还是信号下降沿读取数据。CKP 可以

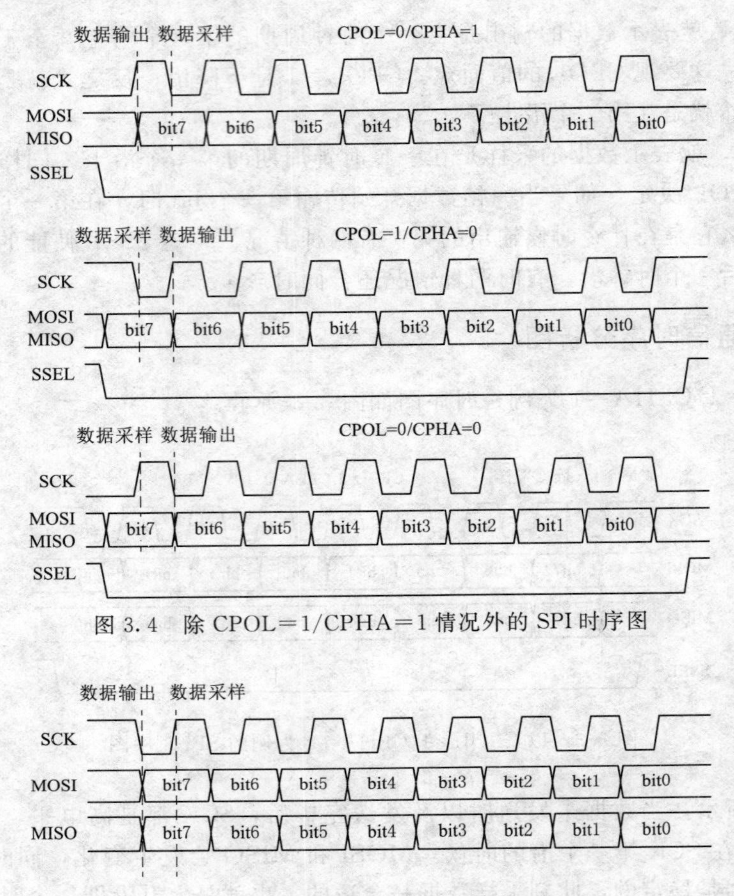

图 3.4 除 CPOL＝1/CPHA＝1 情况外的 SPI 时序图

数据输出 数据采样

SCK
MOSI bit7 bit6 bit5 bit4 bit3 bit2 bit1 bit0
MISO bit7 bit6 bit5 bit4 bit3 bit2 bit1 bit0

图 3.5 SPI 通信特性图示

配置为 1 或 0。这意味着可以根据需要将时钟的默认状态（IDLE）设置为高或低。极性反转可以通过简单的逻辑逆变器实现。但必须参考设备的数据手册才能正确设置 CKP 和 CKE。③时钟相位。根据硬件制造商的不同，时钟相位通常写为 CKE 或 CPHA。时钟相位/边沿，也就是采集数据时是在时钟信号的具体相位或者边沿。

根据 SPI 的时钟极性和时钟相位特性可以设置 4 种不同的 SPI 通信操作模式，它们的区别是定义了在时钟脉冲的哪条边沿转换输出信号，哪条边沿采样输入信号，还有时钟脉冲的稳定电平值(就是时钟信号无效时是高还是低）有不同，详情如图 3.6 所示。

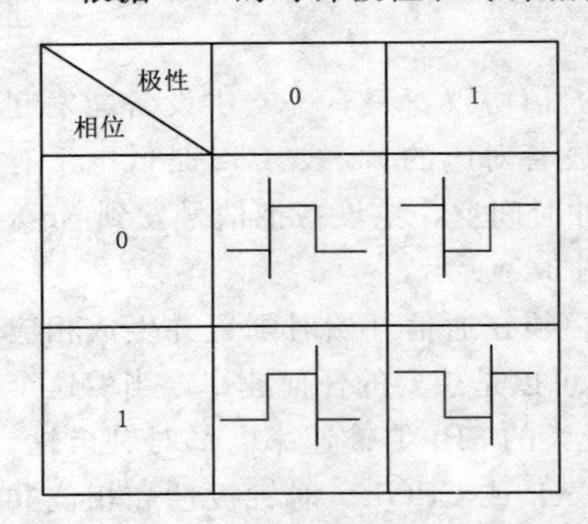

图 3.6 4 种不同的 SPI 通信操作模式

Mode0：CKP＝0，CKE ＝0：当空闲态时，SCK 处于低电平，数据采样是在第 1 个边沿，也就是 SCK 由低电平到高电平的跳变，所以数据采样是在上升沿(准备数据)，(发送数据）数据发送是在下降沿。

Mode1：CKP＝0，CKE＝1：当空闲态时，SCK 处于低电平，数据发送是在第 2 个边沿，也就是 SCK

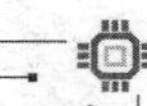

由低电平到高电平的跳变，所以数据采样是在下降沿，数据发送是在上升沿。

Mode2：CKP=1，CKE=0：当空闲态时，SCK处于高电平，数据采集是在第1个边沿，也就是SCK由高电平到低电平的跳变，所以数据采集是在下降沿，数据发送是在上升沿。

Mode3：CKP=1，CKE=1：当空闲态时，SCK处于高电平，数据发送是在第2个边沿，也就是SCK由高电平到低电平的跳变，所以数据采集是在上升沿，数据发送是在下降沿。

图3.7是SPI Mode0读/写时序，可以看出SCK空闲状态为低电平，主机数据在第一个跳变沿被从机采样，数据输出同理。

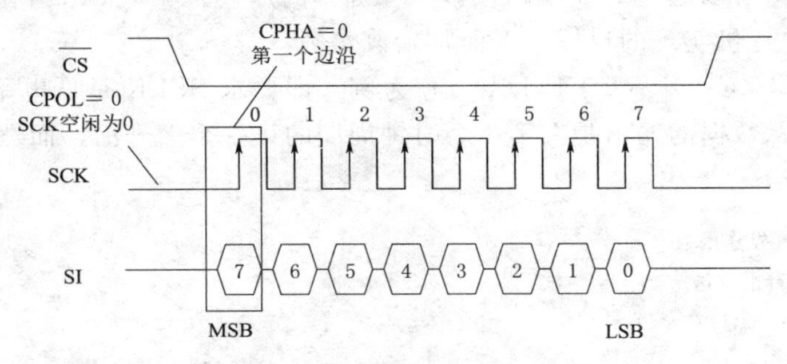

图3.7　SPI Mode0读/写时序图

图3.8是SPI Mode3读/写时序，SCK空闲状态为高电平，主机数据在第二个跳变沿被从机采样，数据输出同理。

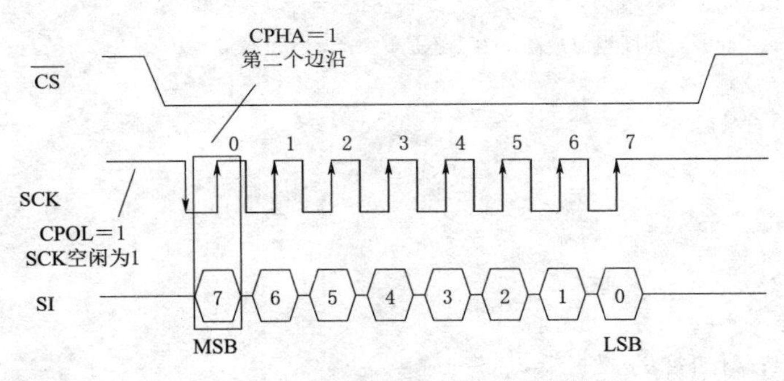

图3.8　SPI Mode3读/写时序图

3.1.4　SPI通信优缺点

优点：无起始位和停止位，因此数据位可以连续传输而不会被中断；没有像IIC这样复杂的从设备寻址系统；数据传输速率比IIC更高（几乎快两倍）；分离的MISO和MOSI信号线，因此可以同时发送和接收数据；极其灵活的数据传输，不限于8位，它可以是任意大小的字；非常简单的硬件结构。从站不需要唯一地址（与IIC不同）。从机使用主机时钟，不需要精密时钟振荡器/晶振（与UART不同）。不需要收发器（与CAN不同）。

缺点：使用四根信号线（IIC和UART使用两根信号线）；无法确认是否已成功接收数据（IIC拥有此功能）；没有任何形式的错误检查，如UART中的奇偶校验位；只允许一个主设备；没有硬件从机应答信号（主机可能在不知情的情况下无处发送）；没有定义硬件级别的错误检查协议；与RS-232和CAN总线相比，只能支持非常短的距离。

3.2　SPI数据传输协议典型芯片DS1302

3.2.1　51单片机中模拟SPI通信时序子函数

CPOL和CPHA的值是由从机决定的，而且51系列单片机都不带SPI功能端口，所以在这种情况下，可以通过I/O端口模拟SPI通信时序模拟驱动SPI外围芯片，实现SPI通信在51系列单片机实现的目标。下面是函数实例。

假设以模式2（CPOL=0/CPHA=1）为例，即要求SCLK是低电平开始准备采样/发送数据，也表示数据的输出是在第一个时钟周期的第一个上升沿，而数据的采样是在第一个时钟的下降沿。

```
/*------SPI发送函数------*/
/*------上升沿发送------*/
void SpiSend(uchar dat1)
{
    uchar i;
    for (i=0; i<8; ++i)//8bit,一位一位写
    {
        SCK = 0;
        if (dat1 & 0x80)//判断当前最高位为1还是0
        {
            SDO = 1;
        }
        else
        {
            SDO = 0;
        }
        SCK = 1;//上升沿发送数据
        dat1 <<= 1;
        delay5us();
    }
}

/*------SPI接收函数------*/
/*------下降沿接收------*/
uchar SpiReceive()
{
    uchar i, dat0;
    dat0 = 0x00;//dat0初始化
    for (i=0; i<8; ++i)//8bit,一位一位读
```

```
        {
            dat0 <<= 1;
            while(SCK == 1);
            while(SCK == 0);//等待下降沿,下降沿读取数据
    {
    dat0 |= SDI;
    }
        }
        return (dat0);//收到数据(返回值)dat0
    }
```

3.2.2 SPI 应用芯片 DS1302

DS1302 是个实时时钟芯片，可以用单片机写入时间或者读取当前的时间数据，下面通过阅读这个芯片的数据手册来学习和掌握这个器件。

DS1302 是 DALLAS（达拉斯）公司推出的一款涓流充电时钟芯片，2001 年 DALLAS 被 MAXIM（美信）收购，因此 DS1302 的数据手册既有 DALLAS 的标志，又有 MAXIM 的标志。DS1302 包含一个实时时钟/日历和 31 字节的静态 RAM，通过简单的串行接口与微处理器通信，这个实时时钟/日历提供年月日、时分秒信息。对于少于 31 天的月份，月末会自动调整，还有闰年校正。由于有一个 AM/PM 指示器，时钟可以工作在 12 小时制或者 24 小时制。

最关键的是，使用 SPI 通信协议简化了 DS1302 与单片机的接口连接过程，与时钟/RAM 通信只需要三根线：CE（片选线）、I/O（数据线）和 SCLK（时钟线）。DS1302 可以低功耗运行，例如在低于 1μW 时还能保持数据和时钟信息。相比较上一代 DS1202 芯片，DS1302 还具有双管脚主电源和备用电源，可编程涓流充电器 VCC1，并附加 7 个字节的暂存器。此外，DS1302 芯片还具有以下特性：

(1) DS1302 是一个实时时钟芯片，可以提供秒、分、小时、日期、月、年等信息，并且还有软件自动调整的能力，可以通过配置 AM/PM 来决定采用 24 小时格式还是 12 小时格式。

(2) 串行 I/O 通信方式，相对并行来说比较节省 I/O 口的使用。

(3) DS1302 的工作电压比较宽，在 2.0～5.5V 的范围内都可以正常工作。

(4) DS1302 功耗一般都很低，当工作电压为 2.0V 时，工作电流小于 300nA。

(5) 当工作电压为 5V 时，可兼容标准的 TTL 电平标准，即可以和单片机进行通信。

(6) DS1302 是 DS1202 的升级版本，所以所有功能都兼容。此外，DS1302 有两个电源输入：一个是主电源，另外一个是备用电源。这样可以用电池或者大电容，当系统掉电时，时钟还会继续运行。如果使用的是充电电池，当正常工作时，可设置充电功能，给备用电池充电。

DS1302 引脚封装：DS1302 共有 8 个引脚，有两种封装形式。

DIP（Dual Inline Package）封装，是双列直插式封装技术，同 STC89C52 单片机一样，是典型的 DIP 封装。本书以 DIP-8 封装为例，芯片宽度（不含引脚）是 300mil，如

图 3.9 所示。

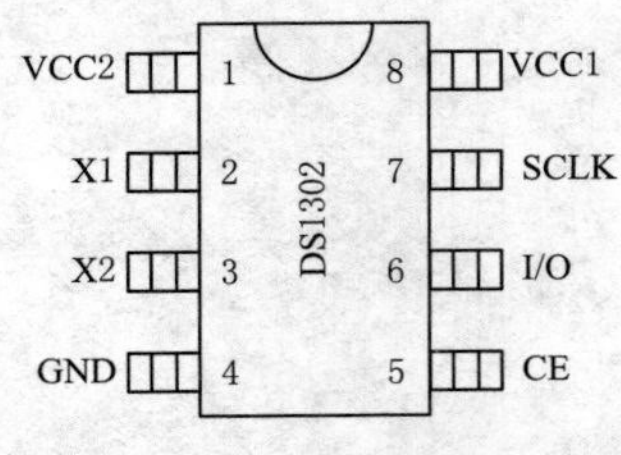

图 3.9　DS1302 引脚封装图

DS1302 每个引脚的功能见表 3.1。考虑到 KST－51 开发板是一套以学习为目的的板子，加上备用电池对航空运输有要求，携带不方便，所以 8 脚没有接备用电池，而是接了一个 10μF 电容，这个电容相当于一个电量很小的电池，经过试验测量得出其可以在系统掉电后仍维持 DS1302 运行 1 分钟左右。如果希望运行时间再加长，可以加大电容的容量或者换成备用电池；如果掉电后不需要再维持运行，也可以干脆悬空。DS1302 电容作备用电源和无备用电源电路图分别如图 3.10 和图 3.11 所示。

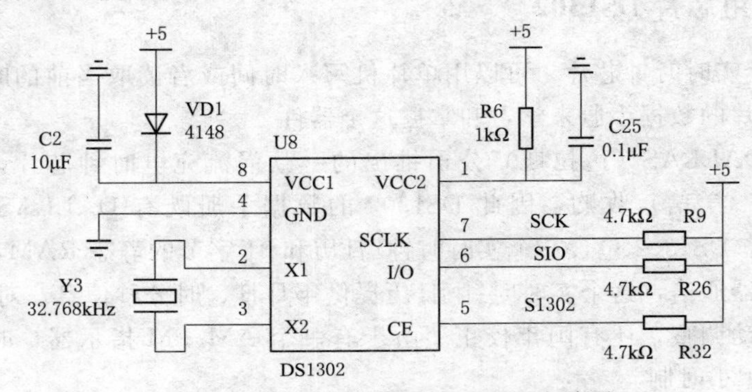

图 3.10　DS1302 电容作备用电源电路图

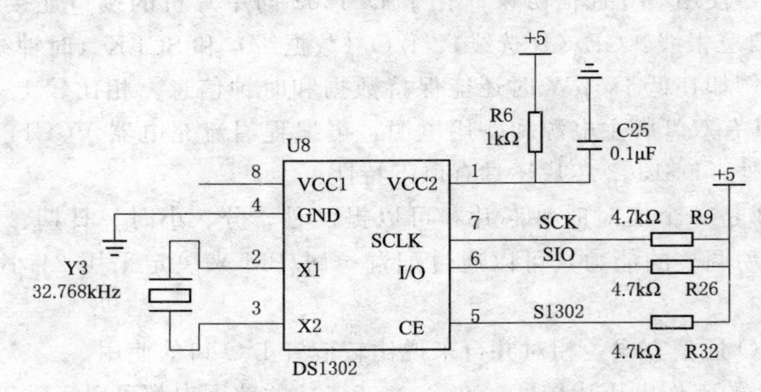

图 3.11　DS1302 无备用电源电路图

表 3.1　DS1302 引脚功能

引脚编号	引脚名称	引 脚 功 能
1	VCC2	主电源引脚，当 VCC2 比 VCC1 高 0.2V 以上时，DS1302 由 VCC2 供电，当 VCC2 低于 VCC1 时，由 VCC1 供电。
2	X1	这两个引脚需要接一个 32.768kHz 的晶体振荡器，给 DS1302 提供一个时钟基准。注意，这个晶体振荡器的引脚负载电容必须是 6pF，而不是要加 6pF 电容。如果使用有源晶体振荡器的话，接到 X1 上即可，X2 悬空。
3	X2	

续表

引脚编号	引脚名称	引 脚 功 能
4	GND	接地。
5	CE	DS1302的使能输入引脚。当读写DS1302的时候，这个引脚必须是高电平，DS1302这个引脚内部有一个40kΩ的下拉电阻。
6	I/O	这个引脚是一个双向通信引脚，读写数据都是通过这个引脚完成。 DS1302这个引脚的内部含有一个40kΩ的下拉电阻。
7	SCLK	输入引脚。SCLK是用来作为通信的时钟信号。DS1302这个引脚的内部含有一个40kΩ的下拉电阻。
8	VCC1	备用电源引脚。

DS1302电路的一个重点就是晶体振荡器电路，它所使用的晶体振荡器是一个32.768kHz的晶体振荡器（以下简称晶振），晶振外部也不需要额外添加其他电容或者电阻。时钟的精度，首先取决于晶振的精度以及晶振的引脚负载电容。如果晶振不准或者负载电容过大或过小，都会导致时钟误差过大。还需考虑因素是晶振的温漂。随着温度的变化，晶振的精度也会发生变化，因此，在实际的系统中，要经常校对以纠正误差。

3.3 DS1302芯片与单片机通信协议

3.3.1 DS1302典型电路和寄存器

DS1302与单片机的连接也仅需要3条线：CE引脚、SCLK串行时钟引脚、I/O串行数据引脚，VCC2为备用电源，外接32.768kHz晶振，为芯片提供计时脉冲。图3.12是DS1302的典型应用示意图。

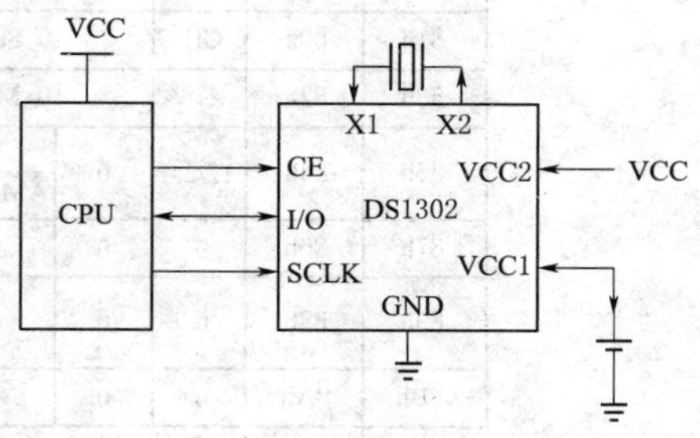

图3.12 DS1302典型应用电路

如何与单片机连接和互相通信是DS1302芯片应用的重点，图3.13是DS1302与单片机连接示意图。

DS1302的一条指令一个字节共8位，其中第7位（即最高位）固定为1，这一位如果是0则无效。第6位是选择RAM还是CLOCK的，本节主要讲CLOCK时钟的使用，所以如果选择CLOCK功能，第6位是0，如果要用RAM，那第6位就是1。从第5到第1位，决定了寄存器的5位地址，而第0位是读写位，如果要写，这一位就是0；如果要读，这一位就是1。指令字节直观位分配如图3.14所示。

DS1302时钟的寄存器，其中8个和时钟有关的，5位地址分别是0b00000～0b00111，还有一个寄存器的地址是01000，这是涓流充电所用的寄存器，本节不讲。在DS1302的数据手册里的地址，直接给出第7位、第6位和第0位值，所以指令为0x80、0x81，最低位是1，表示读；最低位是0，表示写。图3.15是DS1302时钟寄存器。

寄存器0：最高位CH是一个时钟停止标志位。如果时钟电路有备用电源，上电后，

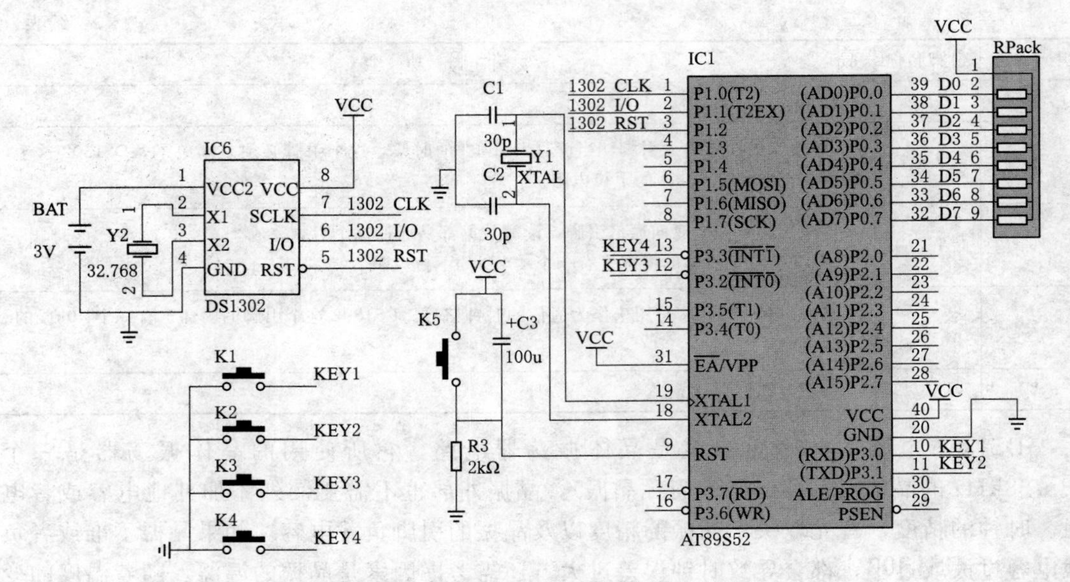

图 3.13　DS1302 与单片机连接示意图

7	6	5	4	3	2	1	0
1	RAM / $\overline{CK}$	A4	A3	A2	A1	A0	RD / $\overline{WR}$

图 3.14　DS1302 命令字节

READ	WRITE	BIT 7	BIT 6	BIT 5	BIT 4	BIT 3	BIT 2	BIT 1	BIT 0	RANGE
81h	80h	CH	10 Seconds			Seconds				00~59
83h	82h		10 Minutes			Minutes				00~59
85h	84h	12/$\overline{24}$	0	10 $\overline{AM}$/PM	Hour	Hour				1~12/0~23
87h	86h	0	0	10 Date		Date				1~31
89h	88h	0	0	0	10 Month	Month				1~12
8Bh	8Ah	0	0	0	0	0	Day			1~7
8Dh	8Ch	10 Year				Year				00~99
8Fh	8Eh	WP	0	0	0	0	0	0	0	—
91h	90h	TCS	TCS	TCS	TCS	DS	DS	RS	RS	—

图 3.15　DS1302 的时钟寄存器

要先检测这一位，如果这一位是 0，那说明时钟芯片在系统掉电后，由于备用电源的供给，时钟是持续正常运行的；如果这一位是 1，那说明时钟芯片在系统掉电后，时钟部分不工作了。如果 VCC1 悬空或者是电池没电了，当下次重新上电时，读取这一位，那这一位就是 1。所以可以通过这一位判断时钟在单片机系统掉电后是否还正常运行。剩下的 7 位高 3 位是秒的十位，低 4 位是秒的个位，由于 DS1302 内部是 BCD 码，而秒的十位最

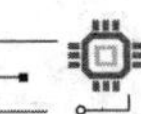

大是5，所以3个二进制位就够了。

寄存器1：最高位未使用，剩下的7位中高3位是分钟的十位，低4位是分钟的个位。

寄存器2：bit7是1则代表是12小时制，0代表是24小时制；bit6固定是0，bit5在12小时制下0代表的是上午，1代表的是下午，在24小时制下和bit4一起代表了小时的十位，低4位代表的是小时的个位。

寄存器3：高2位固定是0，bit5和bit4是日期的十位，低4位是日期的个位。

寄存器4：高3位固定是0，bit4是月的十位，低4位是月的个位。

寄存器5：高5位固定是0，低3位代表了星期。

寄存器6：高4位代表了年的十位，低4位代表了年的个位。注意，这里的00～99指的是2000—2099年。

寄存器7：最高位一个写保护位，如果这一位是1，那么是禁止给任何其他寄存器或者31个字节的RAM写数据的。因此在写数据之前，这一位必须先写成0。

3.3.2 DS1302通信时序

DS1302的通信是SPI的变异种类，它用了SPI的通信时序，但是通信的时候没有完全按照SPI的规则来。DS1302单字节写入操作，如图3.16所示。

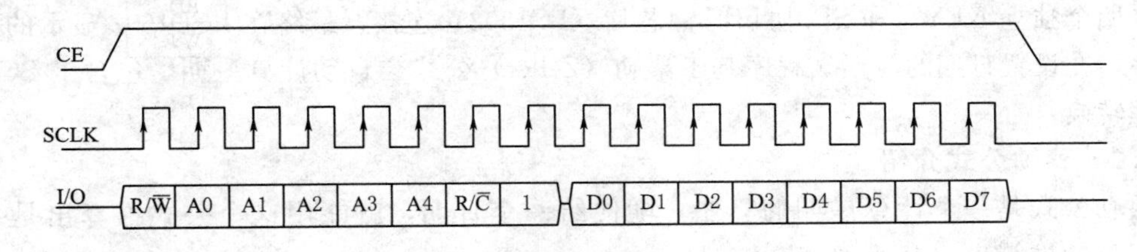

图3.16 DS1302单字节写操作

对比DS1302和SPI通信时序，CE和SSEL的使能控制是反的，对于通信写数据，都是在SCK的上升沿，从机进行采样，下降沿的时候，主机发送数据。DS1302时序里，单片机要预先写一个字节指令，指明要写入的寄存器的地址以及后续的操作是写操作，然后再写入一个字节的数据。图3.17是DS1302单字节读操作。

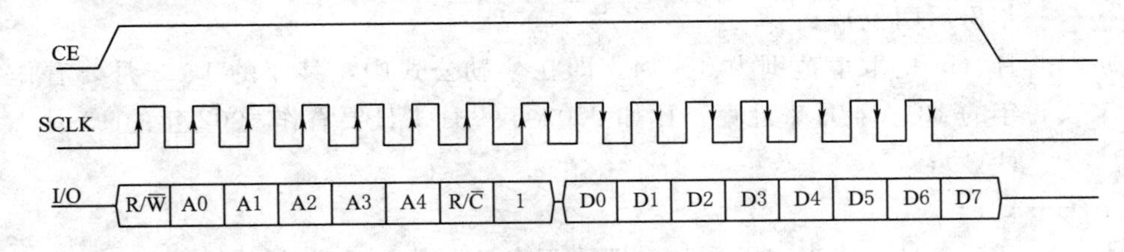

图3.17 DS1302单字节读操作

读操作有两处需要特别注意的地方。第一，DS1302的时序图上的箭头都是针对DS1302来说的，因此读操作的时候，先写第一个字节指令，上升沿的时候DS1302来锁存数据，下降沿用单片机发送数据。到了第二个字数据，由于这个时序过程相当于CPOL=

0/CPHA=0，前沿发送数据，后沿读取数据，第二个字节是DS1302下降沿输出数据，单片机上升沿来读取，因此箭头从DS1302角度来说，出现在了下降沿。

第二个，单片机没有标准的SPI接口，和IIC一样需要用I/O口来模拟通信过程。在读DS1302的时候，理论上SPI是上升沿读取，但是程序是用I/O口模拟的，所以数据的读取和时钟沿的变化不可能同时，必然有一个先后顺序。通过实验发现，如果先读取I/O线上的数据，再拉高SCLK产生上升沿，那么读到的数据一定是正确的，而颠倒顺序后数据就有可能出错。这个问题产生的原因还是在于DS1302的通信协议与标准SPI协议存在的差异造成的，如果是标准SPI的数据线，数据会一直保持到下一个周期的下降沿才会变化，所以读取数据和上升沿的先后顺序就无所谓了；但DS1302的I/O线会在时钟上升沿后被DS1302释放，也就是撤销强推挽输出变为弱下拉状态，而此时在51单片机引脚内部上拉的作用下，I/O线上的实际电平会慢慢上升，从而导致在上升沿产生后再读取I/O数据就可能会出错。因此此处程序按照先读取I/O数据，再拉高SCLK产生上升沿的顺序。

3.3.3 DS1302与单片机通信的典型示例

3.3.3.1 项目要求

利用单片机（示例型号AT89C51）的P0、P1和P2端口分别与显示部分（LCD1602）、按键（四个独立KEY）和SPI协议时钟芯片（DS1302）连接，最终在LCD1602显示的万年历程序，在设置日期的时候，程序基于蔡勒（Zeller）公式会自动计算星期，包含了BCD码的处理转换。

3.3.3.2 蔡勒公式介绍

蔡勒公式是一个计算星期的算法，随便给一个日期，就能用这个公式推算出是星期几，由蔡勒推算出，公式如下：

$$w=\left\{y+\left[\frac{y}{4}\right]+\left[\frac{c}{4}\right]-2c+\left[\frac{26(m+1)}{10}\right]+d-1\right\} \bmod 7$$

式中 w——星期（计算所得的数值对应的星期：0为星期日，1为星期一；2为星期二；3为星期三；4为星期四；5为星期五；6为星期六）；

c——年份前两位数；

y——年份后两位数；

m——月（m的取值范围为3～14，即在蔡勒公式中，某年的1、2月要看作上一年的13、14月来计算，比如2003年1月1日要看作2002年的13月1日来计算）；

d——日；

[ ]——高斯符号，代表向下取整，即取不大于原数的最大整数；

mod——同余（代表括号里的答案除以7后的余数）。

通过Proteus绘制项目电路图，并且通过该软件能够制作PCB板的功能，实现电路的设计、仿真和实现，Proteus仿真电路图如图3.18所示。

利用Proteus绘制基于DS1302的万年历仿真电路图有以下器件。

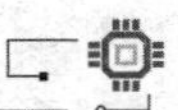

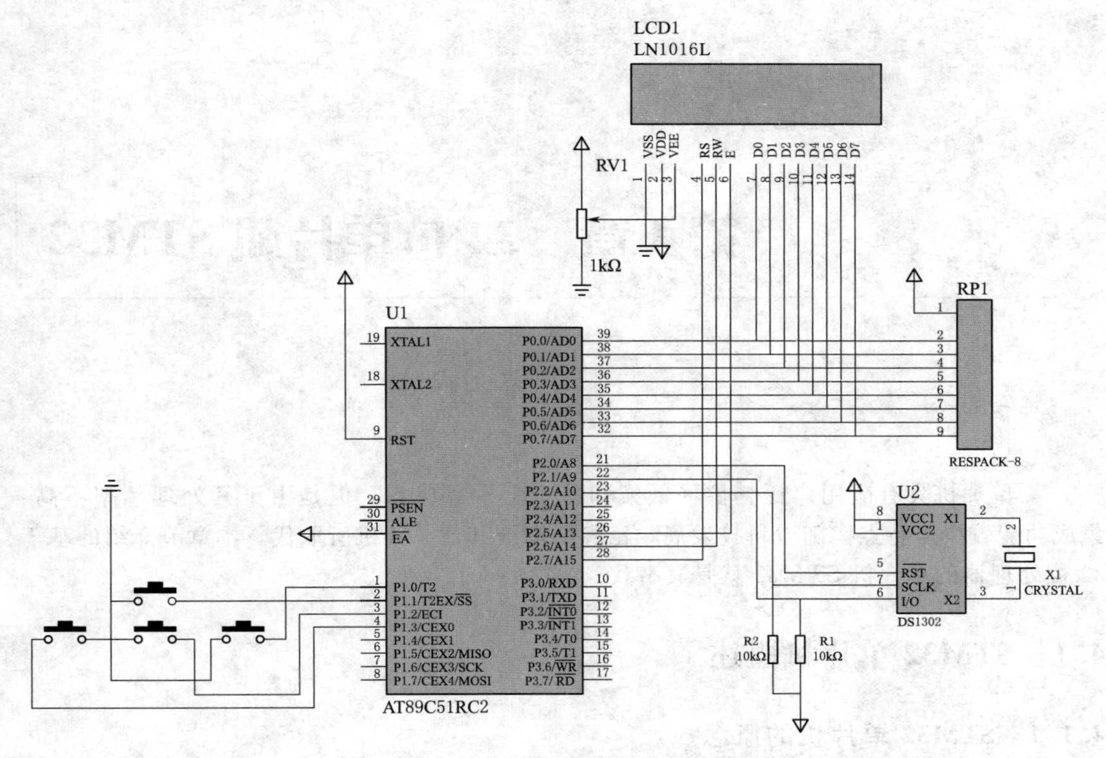

图3.18 利用Proteus绘制基于DS1302的万年历仿真电路图

LM016L：2行16列液晶。EN三个控制端口（共14线），工作电压为5V。无背光，可显示2行16列英文字符，有8位数据总线D0～D7。

RESPACK：排阻。

DS1302：涓流充电时钟芯片。

POT：滑线变阻器。

BUTTON：独立按键。

CRYSTAL：晶体振荡器。

RES：电阻。

第4章　32位单片机STM32

51单片机具有应用广泛、价格低廉和易于上手等优点，但是由于其处理频率不高、集成功能较少等特点，随着科技发展，已经逐渐被其他单片机所取代。本章节介绍的基于32位处理器的单片机STM32就是其替代产品之一。

4.1　STM32单片机概述

4.1.1　STM32单片机的概念

意法半导体（ST）集团是世界上最大的半导体公司之一，于1988年6月成立，是由意大利的SGS微电子公司和法国Thomson半导体公司合并而成。1998年5月，SGS-THOMSONMicroelectronics将公司名称改为意法半导体有限公司。STM32系列是该公司基于为满足高性能、低成本、低功耗的嵌入式应用专门设计的单片机，其内核目前使用ARM Cortex®－M0，M0＋，M3，M4和M7。该单片机具有以下优势：

（1）极高的性能：具有主流的Cortex内核。

（2）丰富合理的外设：具有合理的功耗和价格。

（3）强大的软件支持：具有丰富的软件包。

（4）全面丰富的技术文档。

（5）芯片型号种类多，覆盖面广。

（6）强大的用户基础：最先成功采用CM3芯片，积累了大批的用户群体。

4.1.2　STM32单片机和51单片机的区别

51单片机入门最简单，易于学习，控制方便，采用冯诺依曼结构，STM32是32bit的，功能强大，接口丰富，采用哈弗结构，数据处理速度快。两者主要区别如下：

（1）内核：51单片机采用的是51Core，8Bit@12MHz；STM32采用的是ARM Cortex－M3，32Bit@72MHz。

（2）地址空间：51单片机只有64KB；STM32单位机有4GB。

（3）片上储存器：51单片机ROM只有2～64KB，RAM仅为128B～1KB；STM32

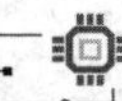

的 ROM 为 20KB～1MB，RAM 有 8～256KB。

（4）外设：51 单片机仅有三个定时器和一个串口；STM32 却拥有 AD、DA、Timer、WWDG、IWDG、CRC、DMA、IIC、SPI、USART 等众多外设。

（5）开发工具：51 单片机采用的是早期的 UV4；而 STM32 使用的是 UV5。

（6）操作系统：51 单片机连 RTOS 都很难运行；STM32 采用的是 uClinux、uC/OS。

4.1.3 STM32F103ZET6 单片机性能介绍

作为 STM32 系列单片机中 F1 产品线的一员，STM32F103ZET6 芯片配置资源有：64KB SRAM、512KB FLASH、2 个基本定时器、4 个通用定时器、2 个高级定时器、2 个 DMA 控制器（共 12 个通道）、3 个 SPI、2 个 IIC、5 个串口、1 个 USB、1 个 CAN、3 个 12 位 ADC、1 个 12 位 DAC、1 个 SDIO 接口、1 个 FSMC 接口以及 112 个通用 I/O 口，自带外部总线（FSMC），用以外扩 SRAM 和连接 LCD 等高性能设备，芯片引脚图以 LQFP144 封装格式如图 4.1 所示。

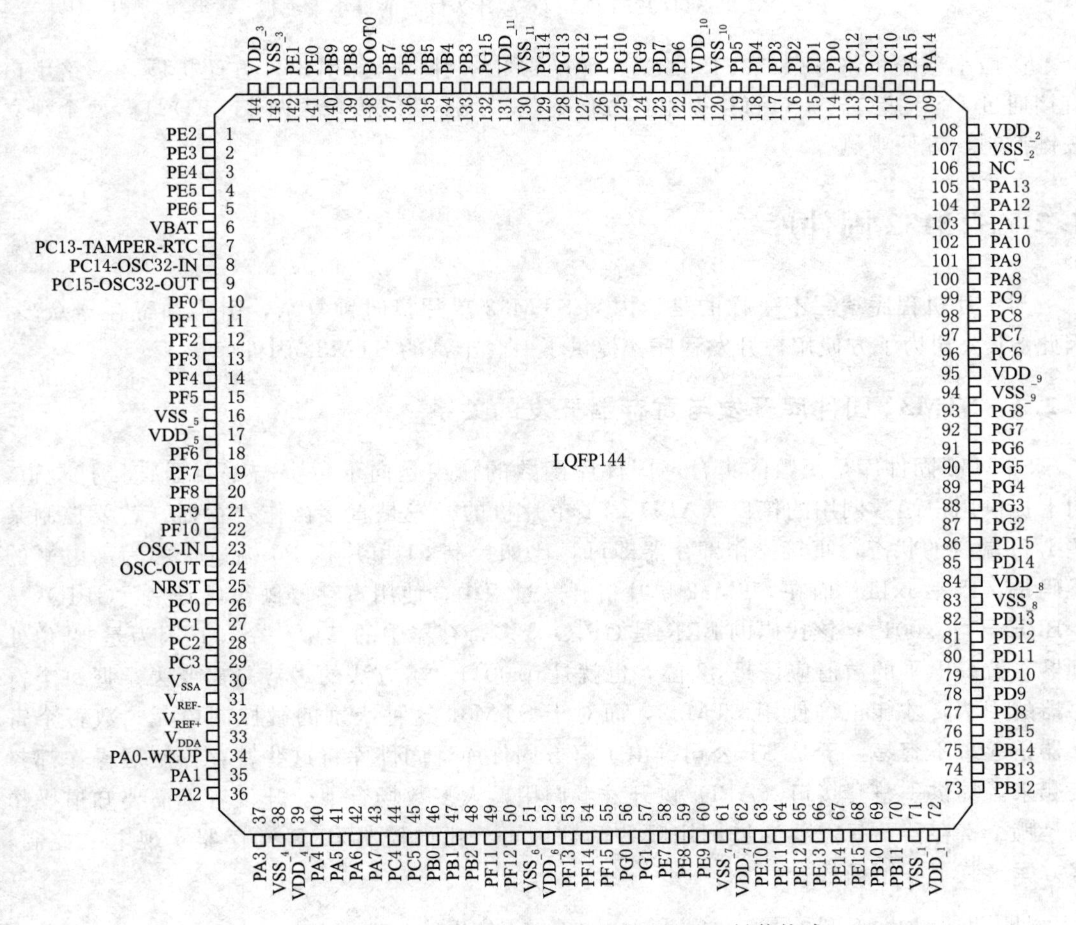

图 4.1　STM32F103ZET6 引脚图（LQFP144 封装格式）

目前以 STM32F103ZET6 单片机为核心的最小系统板最为常见，被广泛应用在教学科研、工程设计、工业控制等方向，实物图如图 4.2 所示。

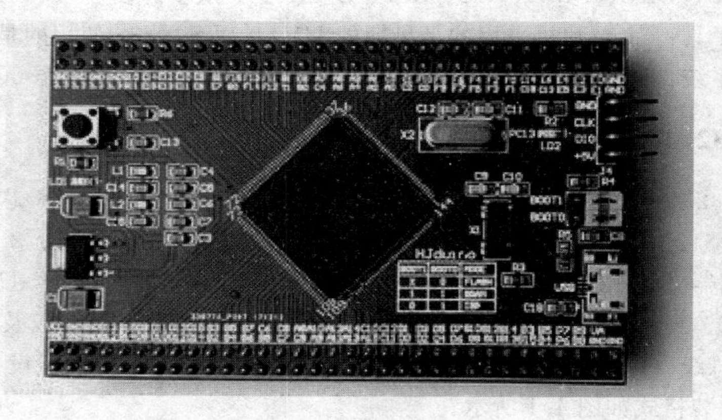

图 4.2 以 STM32F103ZET6 芯片为核心的最小系统板

该最小系统板将 STM32F103ZET6 所有的 I/O 引脚全部引出，方便扩展，一路串口直接通过 USB 接口转串口直接引出，方便下载。最小系统板包含两个 LED 灯，两个独立按键控制，方便观测。

4.2 STM32 固件库

与单片机程序编写不一样的是，因为 STM32 单片机时钟复杂，引脚和寄存器众多，因此 ST 公司为了方便用户开发程序，提供了一套丰富的 STM32 固件库。

4.2.1 STM32 固件库开发与寄存器开发的关系

STM32 固件库是函数的集合，固件库函数的作用是向下负责与寄存器直接打交道，向上提供用户函数调用的接口（API）。51 单片机的开发是直接操作寄存器，若要控制某些 I/O 端口的状态，直接操作寄存器即可，比如控制 51 单片机 P0 端口全部为高电平的代码是：P0＝0x11；而在 STM32 单片机开发过程中，使用寄存器操作代码是：GPIOx－＞BRR－＞0x0011；该代码的 BRR 是 GPIO 众多寄存器中的其中一个，且因为是 32 位处理器，拉高电平的数值应该是 32 位，也就是 0x0011。本方法的劣势是需要去掌握每个寄存器的用法，才能正确使用 STM32，而对于 STM32 这种级别的微控制单元，数百个寄存器记起来不容易。于是 ST 公司推出了官方固件库，固件库将这些寄存器底层操作都封装起来，提供一整套接口（API）供开发者调用，大多数场合下，开发者不需要知道操作的是哪个寄存器，只需要知道调用哪些函数即可。比如控制 BRR 寄存器实现电平控制，官方库封装了一个函数：

```
void GPIO_ResetBits(GPIO_TypeDef * GPIOx,uint16_t GPIO_Pin)
{
GPIOx－＞BRR＝GPIO_Pin;
```

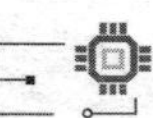

}

此时就不需要再直接去操作 BRR 寄存器了，只需要知道怎么使用 GPIO _ ResetBits () 这个函数就可以了。

4.2.2 STM32 官方固件库和文件介绍

ST 公司官方提供的固件库完整包可以在官方下载，固件库是不断完善升级的，所以有不同的版本，本书主要介绍 V3.5 版本的固件库，图 4.3 是该版本目录列表示意图。

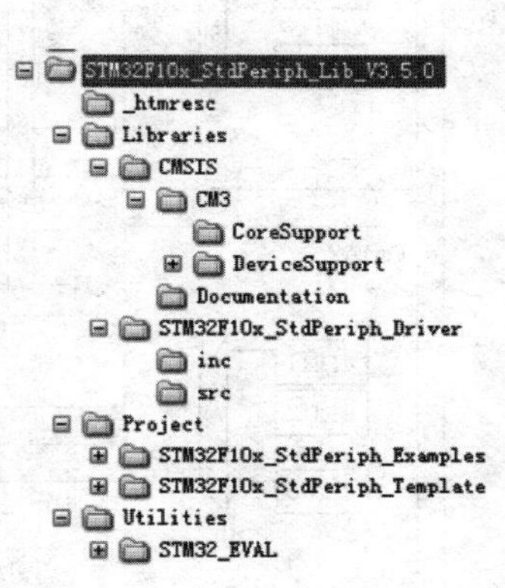

图 4.3 STM32 官方库目录列表示意图

STM32 官方库文件夹：Libraries 文件夹下面有 CMSIS 和 STM32F10x _ StdPeriph _ Driver 两个目录，这两个目录包含固件库核心的所有子文件夹和文件。其中 CMSIS 目录下面是启动文件，STM32F10x _ StdPeriph _ Driver 放的是 STM32 固件库源码文件。源文件目录下面的 inc 目录存放的是 stm32f10x _ xxx. h 头文件，无需改动。src 目录下面放的是 stm32f10x _ xxx. c 格式的固件库源码文件。每一个 . c 文件和一个相应的 . h 文件对应。这里的文件也是固件库的核心文件，每个外设对应一组文件。Libraries 文件夹里面的文件在建立工程的时候都会使用到。Project 文件夹下面有两个文件夹。顾名思义，STM32F10x _ StdPeriph _ Examples 文件夹下面存放的 ST 公司官方提供的固件实例源码，在以后的开发过程中，可以参考修改这个官方提供的实例来快速驱动自己的外设。很多开发板的实例都参考了官方提供的例程源码，这些源码对以后的学习非常重要。STM32F10x _ StdPeriph _ Template 文件夹下面存放的是工程模板。Utilities 文件下就是官方评估板的一些对应源码，这个可以忽略不看。根目录中还有一个 stm32f10x _ stdperiph _ lib _ um. chm 文件，这是一个固件库的帮助文档，在开发过程中，这个文档会经常被使用到。

4.3 STM32 单片机系统架构、时钟和端口复用

4.3.1 STM32 单片机系统架构

STM32 单片机的系统架构比 51 单片机强大，本书讲述的 STM32 单片机系统架构主要针对的是 STM32F103ZET6 芯片。图 4.4 为 STM32 单片机的系统架构图。

STM32 主系统主要由四个驱动单元和四个被动单元构成。

四个驱动单元：内核 DCode 总线；系统总线；通用 DMA1 和 DMA2 总线。

四个被动单元：AHB 到 APB 的桥；内部 FLASH 闪存；内部 SRAM；FSMC。

DCode 总线：该总线将 M3 内核的 DCode 总线与闪存存储器的数据接口相连接，常量加载和调试访问在该总线上面完成。

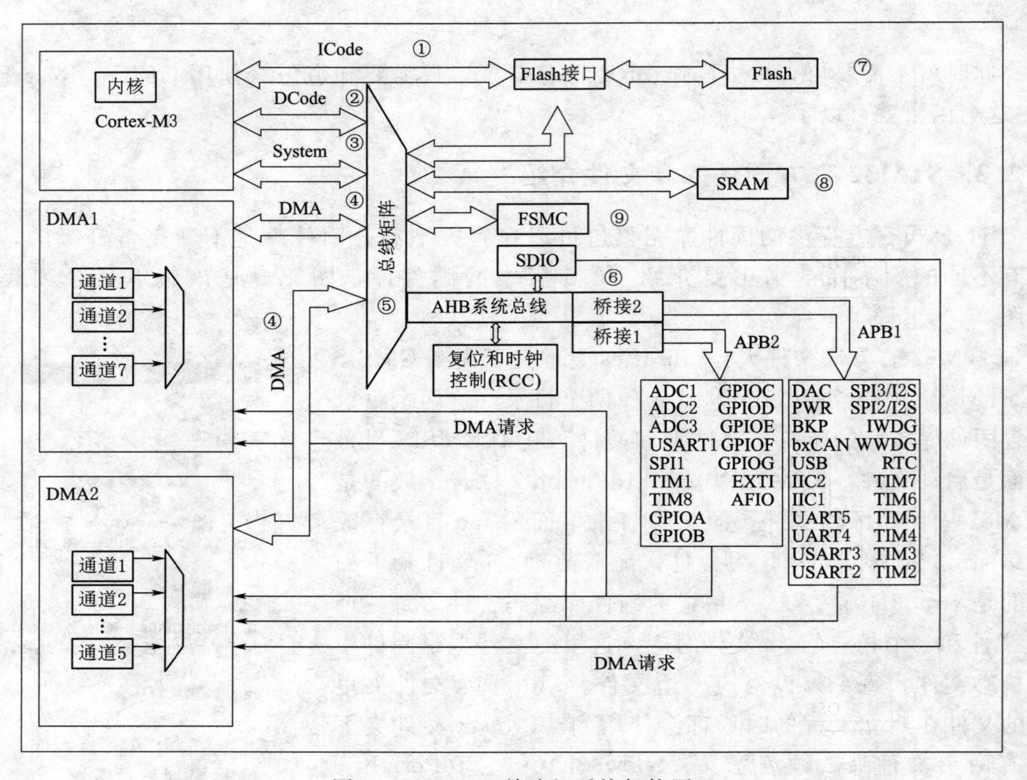

图 4.4　STM32 单片机系统架构图

系统总线：该总线连接 M3 内核的系统总线到总线矩阵，总线矩阵协调内核和 DMA 间访问。

DMA 总线：该总线将 DMA 的 AHB 主控接口与总线矩阵相连，总线矩阵协调 CPU DCode 和 DMA 到 SRAM，闪存和外设的访问。

总线矩阵：总线矩阵协调内核系统总线和 DMA 主控总线之间的访问仲裁，仲裁利用轮换算法。

4.3.2　STM32 单片机时钟系统

STM32 单片机的时钟系统比较复杂，有多个时钟源。图 4.5 为 STM32 单片机系统时钟示意图。

STM32 有 5 个时钟源，为 HSI、HSE、LSI、LSE、PLL。按时钟频率可以分为高速时钟源和低速时钟源，HSI、HSE 以及 PLL 是高速时钟，LSI 和 LSE 是低速时钟。按来源可分为外部时钟源和内部时钟源，外部时钟源就是从外部通过接晶振的方式获取时钟源，其中 HSE 和 LSE 是外部时钟源，其他的是内部时钟源。

（1）HSI 是高速内部时钟，RC 振荡器，频率为 8MHz。

（2）HSE 是高速外部时钟，可接石英/陶瓷谐振器，或者接外部时钟源，频率范围为 4～16MHz。

（3）LSI 是低速内部时钟，RC 振荡器，频率为 40kHz。独立看门狗的时钟源只能是 LSI。

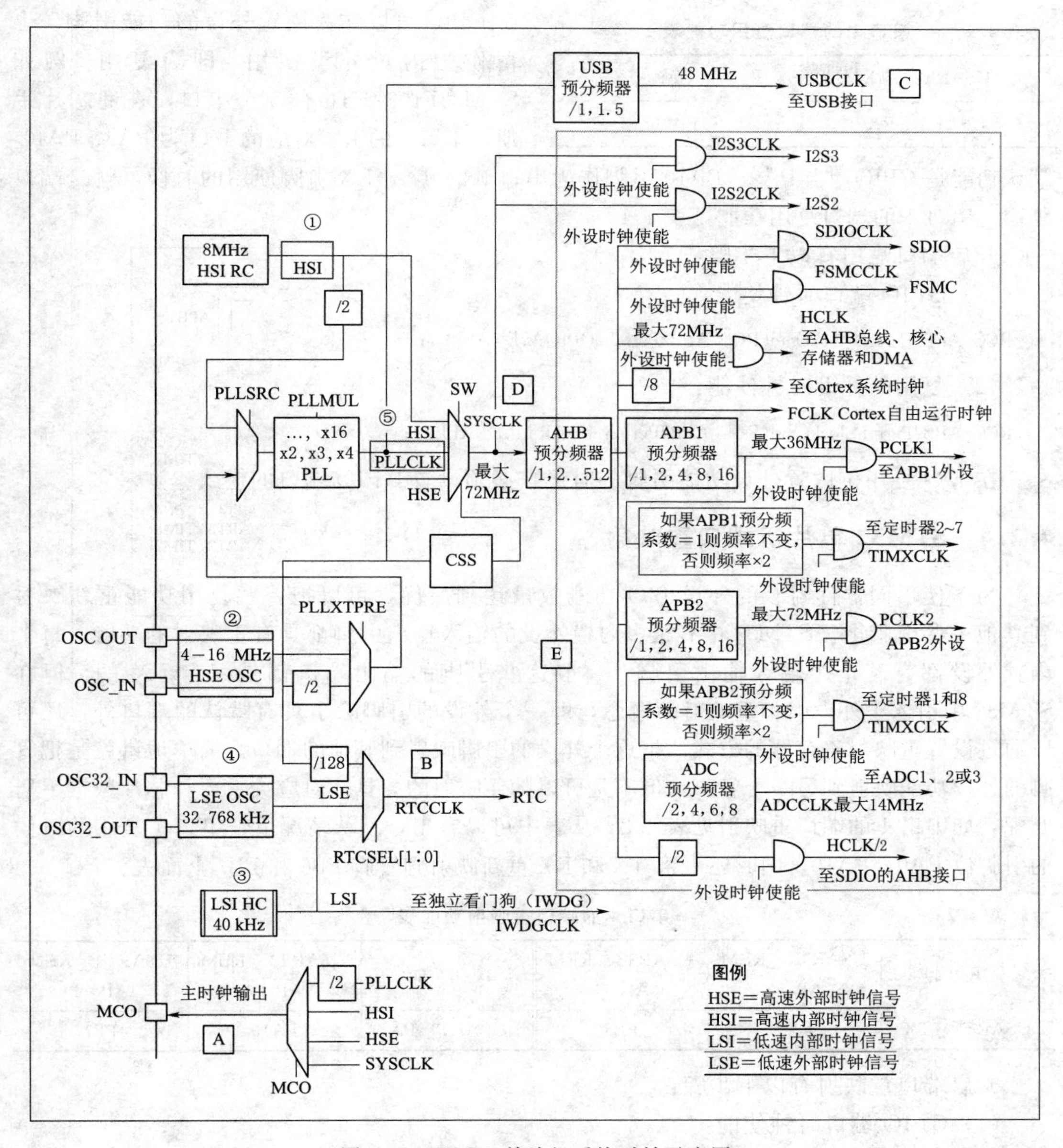

图 4.5　STM32 单片机系统时钟示意图

（4）LSE 是低速外部时钟，接频率为 32.768kHz 的石英晶体。主要作为 RTC 的时钟源。

（5）PLL 为锁相环倍频输出，其时钟输入源可选择为 HSI/2、HSE 或者 HSE/2。倍频可选择为 2～16 倍，但是其输出频率最大不得超过 72MHz。

4.3.3　STM32 单片机端口复用

STM32 有很多的内置外设，这些外设的外部引脚都是与 GPIO 复用的。也就是说，一

表 4.1　　串口 1 的端口复用功能表

USART1 _ TX	PA9
USART _ RX	PA10

个 GPIO 可以作为内置外设的功能引脚，也可作为内置外设使用，即为复用。例如 STM32F103ZET6 有 5 个串口，查询芯片手册，串口 1 的引脚对应的 I/O 为 PA9、PA10，默认功能是 GPIO，当 PA9、PA10 引脚作为串口 1 的 TX、RX 引脚使用的时候，就是端口复用。串口 1 的端口复用功能见表 4.1。

开启端口复用有以下步骤：

(1) GPIO 端口时钟使能：

```
RCC_APB2PeriphClockCmd(RCC_APB2Periph_GPIOA,ENABLE);
```

(2) 复用的外设时钟使能：

```
RCC_APB2PeriphClockCmd(RCC_APB2Periph_USART1,ENABLE);
```

在 I/O 复用位内置外设功能引脚的时候，必须设置 GPIO 端口的模式。

4.3.4　STM32 单片机端口重映射

为了使不同器件封装的外设 I/O 功能数量达到最优，可以把一些复用功能重新映射到其他一些引脚上。STM32 中有很多内置外设的输入输出引脚都具有重映射的功能。每个内置外设都有若干个输入输出引脚，一般这些引脚的输出端口都是固定不变的，但在 STM32 中引入了外设引脚重映射的概念，即一个外设的引脚除了具有默认的端口外，还可以通过设置重映射寄存器的方式，把这个外设的引脚映射到其他的端口。简单地讲就是把管脚的外设功能映射到另一个管脚，但不是可以随便映射的，具体对应关系要和芯片数据手册匹配，如串口 1 的端口重映射见表 4.2，从表中可以看出，默认情况下，串口 1 复用的时候的引脚位 PA9、PA10，同时还可将 TX 和 RX 重新映射到管脚 PB6 和 PB7 上面去。

表 4.2　　串口 1 的端口重映射功能表

复用功能	USART1 _ REMAP=0	USART1 _ REMAP=1	复用功能	USART1 _ REMAP=0	USART1 _ REMAP=1
USART1 _ TX	PA9	PB6	USART _ RX	PA10	PB7

开启端口重映射有以下步骤：

(1) GPIO 端口时钟使能：

```
RCC_APB2PeriphClockCmd(RCC_APB2Periph_GPIOB,ENABLE);
```

(2) 使能串口 1 时钟：

```
RCC_APB2PeriphClockCmd(RCC_APB2Periph_USART1,ENABLE);
```

(3) 使能 AFIO 时钟：

```
RCC_APB2PeriphClockCmd(RCC_APB2Periph_AFIO,ENABLE);
```

(4) 开启重映射：

```
GPIO_PinRemapConfig(GPIO_Remap_USART1,ENABLE);
```

第5章　STM32单片机内部资源实用案例

5.1　STM32单片机I/O端口原理及实例

本节学习通过代码控制STM32单片机两个单独GPIO：PB1和PE1高低电平交替，实现STM32单片机对GPIO端口的控制。

5.1.1　原理详解

涉及工程目录的组以及重要文件如下：

①组USER存放的主要是用户代码。system_stm32f10x.c主要是系统时钟初始化函数SystemInit相关的定义。本实例不需要修改。

②组HARDWARE存放的是每个实验的外设驱动代码，该代码块是通过调用FWLib的固件库文件实现的，比如led.c调用stm32f10x_gpio.c函数对led进行初始化。stm32f10x_gpio.c函数是本例的重点。

③组SYSTEM包含Systick延时函数、GPIO位带操作以及串口相关函数。

④组CORE存放的是固件库必需的核心文件和启动文件，用户不需要修改。

⑤组FWLib存放的是ST官方提供的外设驱动固件库文件，可根据工程需要添加和删除。每个stm32f10x_ppp.c源文件对应一个stm32f10x_ppp.h头文件。

⑥README分组主要添加了README.TXT说明文件，可对操作进行相关说明。

本实例代码相关组之间的层次结构如图5.1所示。

从层次图中可以看出，用户代码和HARDWARE下面的外设驱动代码不需要直接操作寄存器，而是直接或间接操作官方提供的固件库函数。

固件库的学习，并不需要记住每个寄存器的作用，可通过了解寄存器对外设的一些功能有个大致的了解。本例主要了解GPIO对应的库函数相关寄存器。

在固件库中，GPIO端口操作对应的库函数以及相关定义在文件stm32f10x_gpio.h和stm32f10x_gpio.c中。STM32的I/O端口可以由软件配置成如下8种模式：①输入浮空；②输入上拉；③输入下拉；④模拟输入；⑤开漏输出；⑥推挽输出；⑦推挽式复用

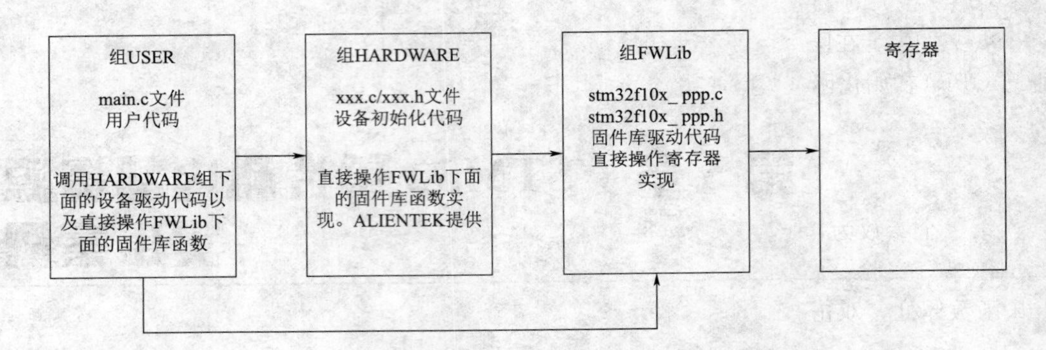

图 5.1　STM32 单片机控制 GPIO 代码层次结构关系图

功能；⑧开漏复用功能。

每个 I/O 端口可以自由编程，但 I/O 端口寄存器必须要按 32 位字被访问。STM32 的很多 I/O 端口都是 5V 兼容的，这些 I/O 端口在与 5V 电平的外设连接时很有优势，具体哪些 I/O 端口是 5V 兼容的，可以从该芯片的数据手册管脚描述章节查到（I/OLevel 标 FT 的就是 5V 电平兼容的）。STM32 的每个 I/O 端口都有 7 个寄存器来控制，分别是：配置模式的 2 个 32 位的端口配置寄存器 CRL 和 CRH；2 个 32 位的数据寄存器 IDR 和 ODR；1 个 32 位的置位/复位寄存器 BSRR；一个 16 位的复位寄存器 BRR；1 个 32 位的锁存寄存器 LCKR。其中 CRL 和 CRH 控制着每个 I/O 端口的模式及输出速率。STM32 的 I/O 端口位配置表见表 5.1。

表 5.1　STM32 的 I/O 端口位配置表

<table>
<tr><th colspan="2">配置模式</th><th>CNF1</th><th>CNF0</th><th>MODE1</th><th>MODE0</th><th>PxODR 寄存器</th></tr>
<tr><td rowspan="2">通用输出</td><td>推挽式（Push-Pull）</td><td rowspan="2">0</td><td>0</td><td rowspan="4" colspan="2">01
10
11</td><td>0 或 1</td></tr>
<tr><td>开漏（Open-Drain）</td><td>1</td><td>0 或 1</td></tr>
<tr><td rowspan="2">复用功能输出</td><td>推挽式（Push-Pull）</td><td rowspan="2">1</td><td>0</td><td>不使用</td></tr>
<tr><td>开漏（Open-Drain）</td><td>1</td><td>不使用</td></tr>
<tr><td rowspan="4">输入</td><td>模拟输入</td><td rowspan="2">0</td><td>0</td><td rowspan="4" colspan="2">00</td><td>不使用</td></tr>
<tr><td>浮空输入</td><td>1</td><td>不使用</td></tr>
<tr><td>下拉输入</td><td rowspan="2">1</td><td rowspan="2">0</td><td>0</td></tr>
<tr><td>上拉输入</td><td>1</td></tr>
</table>

STM32 的 I/O 端口输出模式配置见表 5.2。

表 5.2　STM32 的 I/O 端口输出模式表

MODE［1：0］	意　义	MODE［1：0］	意　义
00	保留	01	最大输出速度为 10MHz
10	最大输出速度为 2MHz	11	最大输出速度为 50MHz

GPIO相关的函数和定义分布在固件库文件stm32f10x _ gpio. c和头文件stm32f10x _ gpio. h文件中。在固件库开发中，操作寄存器CRH和CRL来配置I/O端口的模式和速度是通过GPIO初始化函数完成：

```
void GPIO_Init(GPIO_TypeDef * GPIOx,GPIO_InitTypeDef * GPIO_InitStruct);
```

这个函数有两个参数，第一个参数是用来指定GPIO，取值范围为GPIOA～GPIOG。

第二个参数为初始化参数结构体指针，结构体类型为GPIO _ InitTypeDef。当打开光盘的跑马灯实验，然后找到FWLib组下面的stm32f10x _ gpio. c文件，定位到GPIO _ Init函数体处，双击入口参数类型GPIO _ InitTypeDef后右键选择“Go to definition of …”就可以查看结构体的定义：

```
typedef struct
{
    uint16_t GPIO_Pin;
    GPIOSpeed_TypeDef GPIO_Speed;
    GPIOMode_TypeDef GPIO_Mode;
}GPIO_InitTypeDef;
```

因为本书对STM32单片机的程序讲解都是建立在库函数基础上，又由于篇幅限制，故不对寄存器讲解过多，仅对GPIO做概括性的总结，操作步骤为

(1) 使能I/O端口时钟。调用函数为RCC _ APB2PeriphClockCmd ()。

(2) 初始化I/O参数。调用函数GPIO _ Init ()。

(3) 操作I/O。操作I/O的方法同前。

5.1.2 软件设计

高低电平控制主要用到的固件库文件是：

```
stm32f10x_gpio. c/stm32f10x_gpio. h
stm32f10x_rcc. c/stm32f10x_rcc. h
misc. c/misc. h
stm32f10x_usart/stm32f10x_usart. h
```

以上固件库中，stm32f10x _ rcc. h头文件是系统时钟配置函数以及相关的外设时钟使能函数的库函数。stm32f10x _ usart. h和misc. h头文件在SYSTEM文件夹中调用，具体操作步骤如下：

(1) 在项目文件夹下面建立HARDWARE的文件夹，用来存储以后与硬件相关的代码，然后在HARDWARE文件夹下新建一个Level（电平）文件夹，用来存放相关的代码。

(2) 点击按钮新建一个文件，后保存在HARDWARE－>Level文件夹下面，保存为level. c。在该文件中输入如下代码：

```
#include "level. h"
voidLevel_Init(void)
```

```
{
    GPIO_InitTypeDef GPIO_InitStructure;
    RCC_APB2PeriphClockCmd(RCC_APB2Periph_GPIOB|
    RCC_APB2Periph_GPIOE,ENABLE);
    GPIO_InitStructure.GPIO_Pin=GPIO_Pin_1;
    GPIO_InitStructure.GPIO_Mode=GPIO_Mode_Out_PP;
    GPIO_InitStructure.GPIO_Speed=GPIO_Speed_50MHz;
    GPIO_Init(GPIOB,&GPIO_InitStructure);
    GPIO_SetBits(GPIOB,GPIO_Pin_1);
    GPIO_InitStructure.GPIO_Pin=GPIO_Pin_1;
    GPIO_Init(GPIOE,&GPIO_InitStructure);
    GPIO_SetBits(GPIOE,GPIO_Pin_1);
}
```

该代码里面就包含了一个函数 void Level _ Init（void)，该函数的功能就是用来实现配置 PB1 和 PE1 为推挽输出。注意：在配置 STM32 外设的时候，任何时候都要先开启该外设的时钟。GPIO 是挂载在 APB2 总线上的外设，在固件库中对挂载在 APB2 总线上的外设时钟使能是通过函数 RCC _ APB2PeriphClockCmd（）来实现的。

保存 level. c 代码，然后新建 level. h 文件，保存在 Level 文件夹下面。在 level. h 中输入如下代码：

```
#ifndef__LEVEL_H
#define__LEVEL_H
#include "sys.h"
#define LEVEL0 PBout(1)
#define LEVEL1 PEout(1)
void LEVEL_Init(void);
#endif
```

保存 level. h 后，在 Manage Project Items 管理里面新建一个 HARDWARE 的组，并把 level. c 加入到这个组里面，回到工程后，会发现在 ProjectWorkspace 里面多了一个 HARDWARE 的组，在该组下面有一个 level. c 的文件，继续在 main. c 中添加以下代码：

```
#include"level.h"
#include"delay.h"
#include "sys.h"
int main(void)
{
    delay_init();
    LED_Init();
    while(1)
    {
        LED0=0;
        LED1=1;
        delay_ms(300);
```

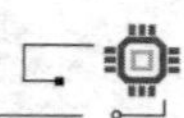

```
        LED0=1;
        LED1=0;
        delay_ms(300);
    }
}
```

该代码块中包含了 #include"level.h" 语句，使得 LEVEL0、LEVEL1、LEVEL_Init 等能在 main () 函数里被调用。在固件库 3.5 版本中，系统在启动的时候会调用 system_stm32f10x.c 中的函数 SystemInit () 对系统时钟进行初始化，在时钟初始化完毕之后会调用 main () 函数。

所以不需要在 main () 函数中重复调用 SystemInit () 函数。当然如果有需要重新设置时钟系统时，可以写自己的时钟设置代码，SystemInit () 只是将时钟系统初始化为默认状态。

main () 函数非常简单，先调用 delay_init () 初始化延时，接着就是调用 LEVEL_Init () 来初始化 GPIOB.1 和 GPIOE.1 为输出，最后在死循环里面实现 LEVEL0 和 LEVEL1 交替电平变换，间隔为 300ms。

KEIL 提供软件仿真功能，此部分不做详细讲述。

5.2 STM32 单片机串行通信原理及实例

串行通信是单片机学习的重要组成部分之一，是 MCU 的重要外部接口，同时也是软件开发重要的调试手段，特殊应用例外，所有 MCU 都带有串口。STM32 自然也不例外。本节学习 STM32 通过串口和上位机的对话，STM32 在收到上位机发过来的字符串后，信息返回上位机。

5.2.1 原理详解

STM32 单片机的串口资源相当丰富，功能强大。以 STM32F103ZET6 芯片为例，其最多可提供 5 路串口，有分数波特率发生器、支持同步单线通信和半双工单线通信、支持 LIN、支持调制解调器操作、智能卡协议和 IrDA SIR ENDEC 规范、具有 DMA 功能等。本节将实现利用串口 1 发送信息打印到电脑上，同时接收从串口发过来的数据，再把发送过来的数据直接送回给电脑。内容涉及 I/O 端口复用功能，对于复用功能的 I/O 端口，首先要使能 GPIO 时钟，然后使能复用功能时钟，同时把 GPIO 模式设置为复用功能对应的模式，继续完成串口参数的初始化设置，包括波特率，停止位等参数。在设置完成后为使能串口，如果开启串口中断，还要初始化 NVIC 设置中断优先级别，最后编写中断服务函数。

串口设置的一般步骤总结如下：

(1) 串口时钟使能，GPIO 时钟使能。

(2) 串口复位。

(3) GPIO 端口模式设置。

(4) 串口参数初始化。

(5) 开启中断并且初始化NVIC(如果需要开启中断才需要这个步骤)。

(6) 使能串口。

(7) 编写中断处理函数。

下面是串口基本配置直接相关的固件库函数讲解部分。这些函数定义分布在stm32f10x _ usart. h和stm32f10x _ usart. c文件中。

5.2.1.1 串口时钟使能

串口是应用在APB2下面的外设,所以使能函数为:

```
RCC_APB2PeriphClockCmd(RCC_APB2Periph_USART1);
```

5.2.1.2 串口复位

当外设出现异常时可以通过复位设置,实现该外设的复位,然后重新配置,达到让其重新工作的目的。一般在系统刚开始配置外设的时候,都会先执行复位该外设的操作。复位是在函数USART _ DeInit ()中完成:

```
void USART_DeInit(USART_TypeDef * USARTx);
```

比如要复位串口1,方法为:

```
USART_DeInit(USART1);
```

5.2.1.3 串口参数初始化

串口初始化是通过USART _ Init ()函数实现的:

```
void USART_Init(USART_TypeDef * USARTx,USART_InitTypeDef * USART_InitStruct);
```

这个函数的第一个入口参数是指定初始化的串口标号,这里选择USART1。第二个入口参数是一个USART _ InitTypeDef类型的结构体指针,这个结构体指针的成员变量用来设置串口的一些参数。一般的实现格式为

```
USART_InitStructure.USART_BaudRate=bound;
USART_InitStructure.USART_WordLength=USART_WordLength_8b;
USART_InitStructure.USART_StopBits=USART_StopBits_1;
USART_InitStructure.USART_Parity=USART_Parity_No;
USART_InitStructure.USART_HardwareFlowControl=USART_HardwareFlowControl_None;
USART_InitStructure.USART_Mode=USART_Mode_Rx | USART_Mode_Tx;
USART_Init(USART1,&USART_InitStructure);
```

从上面的初始化格式可以看出初始化需要设置的参数为:波特率、字长、停止位、奇偶校验位、硬件数据流控制、模式(收、发)。可以根据具体需求设置这些参数。

5.2.1.4 数据发送与接收

STM32的发送与接收是通过数据寄存器USART _ DR来实现的,这是一个双寄存器,包含了TDR和RDR。当向该寄存器写数据时,串口就会自动发送,当收到数据时,也是存在该寄存器内。

STM32库函数操作USART _ DR寄存器发送数据的函数是:

```
void USART_SendData(USART_TypeDef * USARTx,uint16_t Data);
```

通过该函数向串口寄存器 USART _ DR 写入一个数据。

STM32 库函数操作 USART _ DR 寄存器读取串口接收到的数据的函数是：

```
uint16_t USART_ReceiveData(USART_TypeDef * USARTx);
```

通过该函数可以读取串口接受到的数据。

5.2.1.5 串口状态

串口的状态可以通过状态寄存器 USART _ SR 读取，如图 5.2 所示。

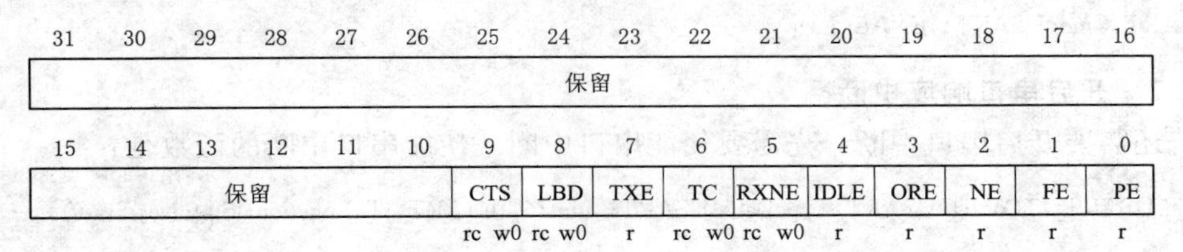

图 5.2 USART _ SR 寄存器位描述

这里重点关注一下第 5、6 位 RXNE 和 TC。

(1) RXNE (读数据寄存器非空)。当该位被置 1 的时候，就是提示已经有数据被接收到了，并且可以读出。这时候要做的就是尽快去读取 USART _ DR，通过读 USART _ DR 可以将该位清零，也可以向该位写 0，直接清除。

(2) TC (发送完成)，当该位被置位的时候，表示 USART _ DR 内的数据已经被发送完成。如果设置了这个位的中断，则会产生中断。该位也有两种清零方式：①读 USART _ SR，写

USART _ DR；②直接向该位写 0。

在固件库函数里面，读取串口状态的函数是：

```
FlagStatus USART_GetFlagStatus(USART_TypeDef * USARTx,uint16_t USART_FLAG);
```

这个函数的第二个入口参数非常关键，它标示的是要查看串口的哪种状态，比如上面讲解的 RXNE (读数据寄存器非空) 以及 TC (发送完成)。例如判断读寄存器是否非空 (RXNE)，操作库函数的方法是：

```
USART_GetFlagStatus(USART1,USART_FLAG_RXNE);
```

判断发送是否完成 (TC)，操作库函数的方法是：

```
USART_GetFlagStatus(USART1,USART_FLAG_TC);
```

标识号在 MDK 里面是通过宏定义定义的：

```
#define USART_IT_PE((uint16_t)0x0028)
#define USART_IT_TXE((uint16_t)0x0727)
#define USART_IT_TC((uint16_t)0x0626)
#define USART_IT_RXNE((uint16_t)0x0525)
#define USART_IT_IDLE((uint16_t)0x0424)
```

```
#define USART_IT_LBD((uint16_t)0x0846)
#define USART_IT_CTS((uint16_t)0x096A)
#define USART_IT_ERR((uint16_t)0x0060)
#define USART_IT_ORE((uint16_t)0x0360)
#define USART_IT_NE((uint16_t)0x0260)
#define USART_IT_FE((uint16_t)0x0160)
```

5.2.1.6　串口使能

串口使能是通过函数 USART _ Cmd () 来实现的，使用方法是：

```
USART_Cmd(USART1,ENABLE);
```

5.2.1.7　开启串口响应中断

若还需要开启串口中断，先需要使能串口中断。使能串口中断的函数是：

```
Void USART_ITConfig(USART_TypeDef * USARTx,uint16_tUSART_IT,FunctionalStateNewState)
```

这个函数的第二个入口参数是标示使能串口的类型，也就是标示使能中断的类型，比如在接收到数据的时候（RXNE 读数据寄存器非空），要产生中断，开启中断的方法是：

```
USART_ITConfig(USART1,USART_IT_RXNE,ENABLE);
```

发送数据结束的时候（TC，发送完成）要产生中断，那么方法是：

```
USART_ITConfig(USART1,USART_IT_TC,ENABLE);
```

5.2.1.8　获取相应中断状态

当使能某个中断时，该中断发生了，会自动设置状态寄存器中的某个标志位。在中断处理函数中，要判断该中断是哪种中断，使用的函数是：

```
ITStatus USART_GetITStatus(USART_TypeDef * USARTx,uint16_t USART_IT)
```

例如使能了串口发送完成中断，那么当中断发生时，可以在中断处理函数中调用这个函数来判断到底是否是串口发送完成中断，方法是：

```
USART_GetITStatus(USART1,USART_IT_TC)
```

如果返回值是 SET，说明串口发送完成，中断发生。

5.2.2　软件设计

本小节的代码设计，串口初始化代码和接收代码使用 SYSTEM 文件夹串口部分的内容。首先在 SYSTEM 组下双击 usart. c，就可以看到该文件里面的代码，uart _ init 函数代码如下：

```
void uart_init(u32 bound)
{
GPIO_InitTypeDef GPIO_InitStructure;
USART_InitTypeDef USART_InitStructure;
NVIC_InitTypeDef NVIC_InitStructure;
```

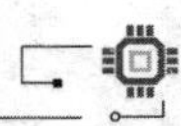

```
RCC_APB2PeriphClockCmd(RCC_APB2Periph_USART1|RCC_APB2Periph_GPIOA,ENABLE);
USART_DeInit(USART1);
GPIO_InitStructure.GPIO_Pin=GPIO_Pin_9;
GPIO_InitStructure.GPIO_Speed=GPIO_Speed_50MHz;
GPIO_InitStructure.GPIO_Mode=GPIO_Mode_AF_PP;
GPIO_Init(GPIOA,&GPIO_InitStructure);
GPIO_InitStructure.GPIO_Pin=GPIO_Pin_10;//USART1_RXPA.10
GPIO_InitStructure.GPIO_Mode=GPIO_Mode_IN_FLOATING;
GPIO_Init(GPIOA,&GPIO_InitStructure);
USART_InitStructure.USART_BaudRate=bound;
USART_InitStructure.USART_WordLength=USART_WordLength_8b;
USART_InitStructure.USART_StopBits=USART_StopBits_1;
USART_InitStructure.USART_Parity=USART_Parity_No;
USART_InitStructure.USART_HardwareFlowControl
=USART_HardwareFlowControl_None;
USART_InitStructure.USART_Mode=USART_Mode_Rx|USART_Mode_Tx;
USART_Init(USART1,&USART_InitStructure);
NVIC_InitStructure.NVIC_IRQChannel=USART1_IRQn;
NVIC_InitStructure.NVIC_IRQChannelPreemptionPriority=3;
NVIC_InitStructure.NVIC_IRQChannelSubPriority=3;
NVIC_InitStructure.NVIC_IRQChannelCmd=ENABLE;
NVIC_Init(&NVIC_InitStructure);
USART_ITConfig(USART1,USART_IT_RXNE,ENABLE);
#endif
USART_Cmd(USART1,ENABLE);
}
```

从上述代码可以看出，其初始化串口的过程，用标号①～⑥标示了顺序：①串口时钟使能，GPIO 时钟使能；②串口复位；③GPIO 端口模式设置；④串口参数初始化；⑤初始化 NVIC 并且开启中断；⑥使能串口。

在 main.c 编写如下代码：

```
#include"led.h"
#include"delay.h"
#include"key.h"
#include"sys.h"
#include"usart.h"
int main(void)
{
u8 t;
u8 len;
u16 times=0;
delay_init();
NVIC_PriorityGroupConfig(NVIC_PriorityGroup_2);
uart_init(115200);
```

```
    LED_Init();
    KEY_Init();
    while(1)
    {
        if(USART_RX_STA&0x8000)
        {
            len=USART_RX_STA&0x3f;
            printf("\r\n您发送的消息为:\r\n\r\n");
            for(t=0;t<len;t++)
            {
                USART_SendData(USART1,USART_RX_BUF[t]);
                while(USART_GetFlagStatus(USART1,USART_FLAG_TC)!=SET);
            }
            printf("\r\n\r\n");
            USART_RX_STA=0;
        }else
        {
            times++;
            if(times%5000==0)
            {
            printf("\r\n串口实验\r\n");
            }
        if(times%200==0)
        printf("请输入数据,以回车键结束\n");
        if(times%30==0)LED0=!LED0;
        delay_ms(10);
        }
    }
    }
```

分析 NVIC_PriorityGroupConfig（NVIC_PriorityGroup_2）函数，该函数是设置中断分组号为2，也就是2位抢占优先级和2位子优先级。重点分析以下两句：

```
USART_SendData(USART1,USART_RX_BUF[t]);
while(USART_GetFlagStatus(USART1,USART_FLAG_TC)!=SET);
```

第一句是发送一个字节到串口。第二句是在发送一个数据到串口之后，要检测这个数据是否已经被发送完成了。USART_FLAG_TC是宏定义的数据发送完成标识符。

5.3 STM32单片机定时计数器原理及实例

STM32F1定时器功能十分强大，有TIM1和TIM8等高级定时器，也有TIM2～TIM5等通用定时器，还有TIM6和TIM7等基本定时器。本节利用TIM3的定时器中断来控制PB1电平翻转。

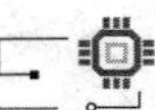

5.3.1 原理详解

STM32的通用定时器是由一个通过可编程预分频器（PSC）驱动的16位自动装载计数器（CNT）构成。STM32的通用定时器可以被用于：测量输入信号的脉冲长度（输入捕获）或者产生输出波形（输出比较和PWM）等。使用定时器预分频器和RCC时钟控制器预分频器，脉冲长度和波形周期可以在几个微秒到几个毫秒间调整。STM32的每个通用定时器都是完全独立的，没有互相共享的任何资源。

STM32的通用TIMx（TIM2、TIM3、TIM4和TIM5）定时器功能包括：

（1）16位向上、向下、向上/向下自动装载计数器（TIMx_CNT）。

（2）16位可编程（可以实时修改）预分频器（TIMx_PSC），计数器时钟频率的分频系数为1～65535之间的任意数值。

（3）4个独立通道（TIMx_CH1～4），这些通道可以用来作为：①输入捕获；②输出比较；③PWM生成（边缘或中间对齐模式）；④单脉冲模式输出。

（4）可使用外部信号（TIMx_ETR）控制定时器和定时器互连（可以用1个定时器控制另外一个定时器）的同步电路。如下事件发生时产生中断/DMA：

1）更新：计数器向上溢出/向下溢出，计数器初始化（通过软件或者内部/外部触发）。

2）触发事件（计数器启动、停止、初始化或者由内部/外部触发计数）。

3）输入捕获。

4）输出比较。

5）支持针对定位的增量（正交）编码器和霍尔传感器电路。

6）触发输入作为外部时钟或者按周期的电流管理。

STM32定时器的时钟来源有4个：①内部时钟（CK_INT）；②外部时钟模式1：外部输入脚（TIx）；③外部时钟模式2：外部触发输入（ETR）；④内部触发输入（ITRx）：使用A定时器作为B定时器的预分频器（A为B提供时钟）。

时钟具体选择哪个时钟源可以通过TIMx_SMCR寄存器的相关位来设置。比如CK_INT时钟是从APB1倍频来的，除非APB1的时钟分频数设置为1，否则通用定时器TIMx的时钟是APB1时钟的2倍，当APB1的时钟不分频的时候，通用定时器TIMx的时钟就等于APB1的时钟。这里还要注意高级定时器的时钟不是来自APB1，而是来自APB2。

以通用定时器TIM3为实例，需要以下6个步骤，产生中断，在中断服务函数里翻转PB1上的电平，来指示定时器中断的产生。定时器相关的库函数主要集中在固件库文件stm32f10x_tim.h和stm32f10x_tim.c文件中。

步骤1：TIM3时钟使能。

TIM3是挂载在APB1之下，可通过APB1总线下的使能函数来使能TIM3。调用的函数是：

```
RCC_APB1PeriphClockCmd(RCC_APB1Periph_TIM3,ENABLE);
```

步骤 2：初始化定时器参数，设置自动重装值、分频系数、计数方式等。

在库函数中，定时器的初始化参数是通过初始化函数 TIM _ TimeBaseInit 实现的：

```
voidTIM_TimeBaseInit(TIM_TypeDef * TIMx,TIM_TimeBaseInitTypeDef * TIM_TimeBaseInitStruct);
```

第一个参数是确定定时器。第二个参数是定时器初始化参数结构体指针，结构体类型为 TIM _ TimeBaseInitTypeDef，这个结构体的定义如下：

```
typedef struct
{
uint16_t TIM_Prescaler;
uint16_t TIM_CounterMode;
uint16_t TIM_Period;
uint16_t TIM_ClockDivision;
uint8_t TIM_RepetitionCounter;
}TIM_TimeBaseInitTypeDef;
```

该结构体一共有 5 个成员变量，对于通用定时器只有前面四个参数有用，最后一个参数 TIM _ RepetitionCounter 是对高级定时器才有用的。

其中，第一个参数 TIM _ Prescaler 是用来设置分频系数的；第二个参数 TIM _ CounterMode 是用来设置计数方式，可以设置为向上计数方式、向下计数方式和中央对齐计数方式，比较常用的是向上计数模 TIM _ CounterMode _ Up 和向下计数模式 TIM _ CounterMode _ Down；第三个参数是设置自动重载计数周期值；第四个参数是用来设置时钟分频因子。针对 TIM3 初始化范例代码格式如下：

```
TIM_TimeBaseInitTypeDef TIM_TimeBaseStructure;
TIM_TimeBaseStructure. TIM_Period=5000;
TIM_TimeBaseStructure. TIM_Prescaler=7199;
TIM_TimeBaseStructure. TIM_ClockDivision=TIM_CKD_DIV1;
TIM_TimeBaseStructure. TIM_CounterMode=TIM_CounterMode_Up;
TIM_TimeBaseInit(TIM3,&TIM_TimeBaseStructure);
```

步骤 3：设置 TIM3 _ DIER 允许更新中断。

因为要使用 TIM3 的更新中断，寄存器的相应位便可使能更新中断。在库函数里面定时器中断使能是通过 TIM _ ITConfig 函数来实现的：

```
void TIM_ITConfig(TIM_TypeDef * TIMx,uint16_t TIM_IT,FunctionalState NewState);
```

第一个参数比较容易理解，是选择定时器号，取值为 TIM1～TIM17。

第二个参数非常关键，是用来指明使能的定时器中断的类型，定时器中断的类型有很多种，包括更新中断 TIM _ IT _ Update，触发中断 TIM _ IT _ Trigger，以及输入捕获中断等。

第三个参数很简单，就是失能还是使能。例如要使能 TIM3 的更新中断，格式为：

```
TIM_ITConfig(TIM3,TIM_IT_Update,ENABLE);
```

步骤 4：TIM3 中断优先级设置。

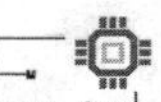

在定时器中断使能之后，因为要产生中断，故必不可少地要设置 NVIC 相关寄存器，设置中断优先级。

步骤 5：允许 TIM3 工作，即使能 TIM3。

配置完后要开启定时器，通过 TIM3 _ CR1 的 CEN 位来设置。在固件库里面使能定时器的函数是通过 TIM _ Cmd 函数来实现的：

```
void TIM_Cmd(TIM_TypeDef * TIMx,FunctionalStateNewState)
```

这个函数非常简单，比如使能定时器 3，方法为：

```
TIM_Cmd(TIM3,ENABLE);
```

步骤 6：编写中断服务函数。

通过定时器中断服务函数可处理定时器产生的相关中断。在中断产生后，通过状态寄存器的值先判断此次产生的中断属于什么类型，然后再执行相关的操作。这里使用的是更新（溢出）中断，所以在状态寄存器 SR 的最低位。在处理完中断之后应该向 TIM3 _ SR 的最低位写 0，来清除该中断标志。

在固件库函数里面，用来读取中断状态寄存器的值判断中断类型的函数是：

```
ITStatus TIM_GetITStatus(TIM_TypeDef * TIMx,uint16_t)
```

该函数的作用是判断定时器 TIMx 的中断类型 TIM _ IT 是否发生中断。比如，要判断定时器 3 是否发生更新（溢出）中断，方法为

```
if(TIM_GetITStatus(TIM3,TIM_IT_Update)! =RESET){}
```

固件库中清除中断标志位的函数是：

```
voidTIM_ClearITPendingBit(TIM_TypeDef * TIMx,uint16_t TIM_IT)
```

该函数的作用是清除定时器 TIMx 的中断 TIM _ IT 标志位。此函数使用起来非常简单，比如在 TIM3 的溢出中断发生后，需要清除中断标志位，方法是：

```
TIM_ClearITPendingBit(TIM3,TIM_IT_Update);
```

注意：固件库还提供了两个函数用来判断定时器状态以及清除定时器状态标志位的函数 TIM _ GetFlagStatus 和 TIM _ ClearFlag，它们的作用和前面两个函数的作用类似。只是在 TIM _ GetITStatus 函数中会先判断这种中断是否使能，使能了之后才去判断中断标志位，而 TIM _ GetFlagStatus 则是直接用来判断状态标志位。

5.3.2 软件设计

实例软件设计部分在工程中的 HARDWARE 下面添加 time. c 文件（包括头文件 time. h)，同时引入了定时器相关的固件库函数文件 stm32f10x _ tim. c 和头文件 stm32f10x _ tim. h。time. c 文件具体代码如下：

```
#include"timer. h"
#include"led. h"
```

```
voidTIM3_Int_Init(u16 arr,u16 psc)
{
TIM_TimeBaseInitTypeDef TIM_TimeBaseStructure;
NVIC_InitTypeDef NVIC_InitStructure;
RCC_APB1PeriphClockCmd(RCC_APB1Periph_TIM3,ENABLE);
TIM_TimeBaseStructure. TIM_Period=arr;
TIM_TimeBaseStructure. TIM_Prescaler=psc;
TIM_TimeBaseStructure. TIM_ClockDivision=TIM_CKD_DIV1;
TIM_TimeBaseStructure. TIM_CounterMode=TIM_CounterMode_Up;
TIM_TimeBaseInit(TIM3,&TIM_TimeBaseStructure);
TIM_ITConfig(TIM3,TIM_IT_Update,ENABLE);
NVIC_InitStructure. NVIC_IRQChannel=TIM3_IRQn;
NVIC_InitStructure. NVIC_IRQChannelPreemptionPriority=0;
NVIC_InitStructure. NVIC_IRQChannelSubPriority=3;
NVIC_InitStructure. NVIC_IRQChannelCmd=ENABLE;
NVIC_Init(&NVIC_InitStructure);
TIM_Cmd(TIM3,ENABLE);
}
Void TIM3_IRQHandler(void)
{
if(TIM_GetITStatus(TIM3,TIM_IT_Update)! =RESET)
{
    TIM_ClearITPendingBit(TIM3,TIM_IT_Update);
    LED1=! LED1;
}
}
```

该文件下包含一个中断服务函数和一个定时器 3 中断初始化函数，中断服务函数比较简单，在每次中断后，判断 TIM3 的中断类型，如果中断类型正确（溢出中断），则执行 PB1 电平的取反。

系统初始化的时候在默认的系统初始化函数 SystemInit 函数里面已经初始化 APB1 的时钟为 2 分频，所以 APB1 的时钟为 36M，而从 STM32 的内部时钟树图得知：当 APB1 的时钟分频数为 1 的时候，TIM2～7 的时钟为 APB1 的时钟，而如果 APB1 的时钟分频数不为 1，那么 TIM2～7 的时钟频率将为 APB1 时钟的两倍。因此，TIM3 的时钟为 72M，再根据设计的 arr 和 psc 的值，就可以计算中断时间了。计算公式如下：

$$Tout=((arr+1)*(psc+1))/Tclk$$

式中　Tclk——TIM3 的输入时钟频率，MHz；

　　Tout——TIM3 溢出时间，μs。

最后，在主程序里面输入如下代码：

```
int main(void)
{
delay_init();
```

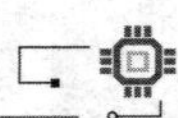

```
NVIC_PriorityGroupConfig(NVIC_PriorityGroup_2);
uart_init(115200);
LED_Init();
TIM3_Int_Init(4999,7199);
while(1)
{
    LED0=! LED0;
    delay_ms(200);
}
}
```

此段代码对TIM3进行初始化之后，进入死循环，等待TIM3溢出中断，当TIM3 _ CNT的值等于TIM3 _ ARR的值时，就会产生TIM3的更新中断，然后在中断里面取反LED1，TIM3 _ CNT再从0开始计数。根据上面的公式，可以算出中断溢出时间为500ms，即Tout=(4999+1)*(7199+1))/72=500000μs=500ms。

5.4 STM32单片机中断原理及实例

本小节介绍如何将STM32的I/O端口作为外部中断输入，以通过改变一个I/O端口电平（比如按键），控制另一个I/O端口电平变化，实现STM32对外部中断响应的效果。

5.4.1 原理详解

所使用的代码主要分布在固件库的stm32f10x _ exti.h和stm32f10x _ exti.c文件中。STM32的每个I/O都可以作为外部中断的中断输入口。以STM32F103为例，其中断控制器支持19个外部中断/事件请求。每个中断设有状态位，每个中断/事件都有独立的触发和屏蔽设置。STM32F103的19个外部中断为：①0～15为对应外部I/O端口的输入中断；②16为连接到PVD输出；③ 17为连接到RTC闹钟事件；④18为连接到USB唤醒事件。

从上面可以看出，STM32供I/O端口使用的中断线只有16个，但是STM32的I/O端口却远远不止16个，那么STM32是怎么把16个中断线和I/O端口一一对应起来的呢？STM32是这样设计的。GPIO的脚GPIOx.0～GPIOx.15（x=A，B，C，D，E，F，G）分别对应中断线0～15。这样每个中断线对应了最多7个I/O端口，以线0为例：它对应了GPIOA.0、GPIOB.0、GPIOC.0、GPIOD.0、GPIOE.0、GPIOF.0、GPIOG.0。而中断线每次只能连接到1个I/O端口上，需要通过配置来决定对应的中断线配置到哪个GPIO。在库函数中，通过配置GPIO与中断线的映射关系的函数GPIO _ EXTILineConfig（）来实现：

```
void GPIO_EXTILineConfig(uint8_t GPIO_PortSource,uint8_t GPIO_PinSource)
```

该函数将GPIO端口与中断线映射起来，使用范例是：

```
GPIO_EXTILineConfig(GPIO_PortSourceGPIOE,GPIO_PinSource2);
```

将中断线 2 与 GPIOE 映射起来，显然是 GPIOE.2 与 EXTI2 中断线连接了。设置好中断线映射之后，接下来要设置该中断线上中断的初始化参数。

中断线上中断的初始化是通过函数 EXTI _ Init（）实现的。EXTI _ Init（）函数的定义是：

```
void EXTI_Init(EXTI_InitTypeDef * EXTI_InitStruct);
```

下面用一个使用范例来说明这个函数的使用：

```
EXTI_InitTypeDef EXTI_InitStructure;
EXTI_InitStructure.EXTI_Line=EXTI_Line4;
EXTI_InitStructure.EXTI_Mode=EXTI_Mode_Interrupt;
EXTI_InitStructure.EXTI_Trigger=EXTI_Trigger_Falling;
EXTI_InitStructure.EXTI_LineCmd=ENABLE;
EXTI_Init(&EXTI_InitStructure);
```

上面的例子设置中断线 4 上的中断为下降沿触发。STM32 外设的初始化都是通过结构体来设置初始值的，结构体 EXTI _ InitTypeDef 的成员变量如下：

```
typedef struct
{
uint32_t EXTI_Line;
EXTIMode_TypeDef EXTI_Mode;
EXTITrigger_TypeDef EXTI_Trigger;
FunctionalState EXTI_LineCmd;
}EXTI_InitTypeDef;
```

从定义可以看出，有 4 个参数需要设置。第一个参数是中断线的标号，取值范围为 EXTI _ Line0～EXTI _ Line15，这个函数配置的是某个中断线上的中断参数；第二个参数是中断模式，可选值为中断 EXTI _ Mode _ Interrupt 和事件 EXTI _ Mode _ Event；第三个参数是触发方式，可以是下降沿触发 EXTI _ Trigger _ Falling，上升沿触发 EXTI _ Trigger _ Rising，或者任意电平（上升沿和下降沿）触发 EXTI _ Trigger _ Rising _ Falling；最后一个参数是使能中断线。

设置好中断线和 GPIO 映射关系，以及中断的触发模式等初始化参数之后，因为是外部中断，还要设置 NVIC 中断优先级。设置中断线 2 的中断优先级代码如下：

```
NVIC_InitTypeDef NVIC_InitStructure;
NVIC_InitStructure.NVIC_IRQChannel=EXTI2_IRQn;
NVIC_InitStructure.NVIC_IRQChannelPreemptionPriority=0x02;
NVIC_InitStructure.NVIC_IRQChannelSubPriority=0x02;
NVIC_InitStructure.NVIC_IRQChannelCmd=ENABLE;
NVIC_Init(&NVIC_InitStructure);
```

完成上述代码后，接着编写中断服务函数。中断服务函数的名字是在 MDK 中事先有定义的。这里需要说明一下，STM32 的 I/O 端口外部中断函数有 7 个，分别为：

```
EXPORT EXTI0_IRQHandler
```

```
EXPORT EXTI1_IRQHandler
EXPORT EXTI2_IRQHandler
EXPORT EXTI3_IRQHandler
EXPORT EXTI4_IRQHandler
EXPORT EXTI9_5_IRQHandler
EXPORT EXTI15_10_IRQHandler
```

中断线0～4每个中断线对应一个中断函数，中断线5～9共用中断函数EXTI9_5_IRQHandler，中断线10～15共用中断函数EXTI15_10_IRQHandler。在编写中断服务函数的时候会经常使用到两个函数，第一个函数是判断某个中断线上的中断是否发生（标志位是否置位）：

```
ITStatus EXTI_GetITStatus(uint32_t EXTI_Line);
```

这个函数一般使用在中断服务函数的开头，判断中断是否发生。

另一个函数是清除某个中断线上的中断标志位：

```
void EXTI_ClearITPendingBit(uint32_t EXTI_Line);
```

这个函数一般应用在中断服务函数结束之前，清除中断标志位。常用的中断服务函数格式为

```
void EXTI3_IRQHandler(void)
{
if(EXTI_GetITStatus(EXTI_Line3)! =RESET)
{
    EXTI_ClearITPendingBit(EXTI_Line3);
}
}
```

固件库还提供了两个函数用来判断外部中断状态以及清除外部状态标志位：EXTI_GetFlagStatus和EXTI_ClearFlag，他们的作用和前面两个函数的作用类似。只是在EXTI_GetITStatus函数中会先判断这种中断是否使能，使能了才去判断中断标志位，而EXTI_GetFlagStatus则是直接用来判断状态标志位。使用I/O口外部中断的一般步骤如下：

(1) 初始化I/O口为输入。

(2) 开启AFIO时钟

(3) 设置I/O口与中断线的映射关系。

(4) 初始化线上中断，设置触发条件等。

(5) 配置中断分组（NVIC），并使能中断。

(6) 编写中断服务函数。

通过以上6个步骤的设置，就可以正常使用外部中断了。

5.4.2 软件设计

HARDWARE目录下面新增exti.c文件，固件库目录增加了stm32f10x_exti.c

文件。

exit.c 文件总共包含 5 个函数。1 个是外部中断初始化函数 void EXTIX _ Init (void)，另外 4 个都是中断服务函数。

void EXTI0 _ IRQHandler (void) 是外部中断 0 的服务函数，负责 WK _ UP 按键的中断检测；因为 exit.c 里面的代码较多，而且对于每个中断线的配置几乎都是雷同，下面列出中断线 0 的相关配置代码：

```
#include "exti.h"
#include "key.h"
#include "delay.h"
#include "usart.h"
void EXTIX_Init(void)
{
EXTI_InitTypeDef EXTI_InitStructure;
NVIC_InitTypeDef NVIC_InitStructure;
KEY_Init();
RCC_APB2PeriphClockCmd(RCC_APB2Periph_AFIO,ENABLE);
GPIO_EXTILineConfig(GPIO_PortSourceGPIOE,GPIO_PinSource2);
EXTI_InitStructure.EXTI_Line=EXTI_Line2;
EXTI_InitStructure.EXTI_Mode=EXTI_Mode_Interrupt;
EXTI_InitStructure.EXTI_Trigger=EXTI_Trigger_Falling;
EXTI_InitStructure.EXTI_LineCmd=ENABLE;
EXTI_Init(&EXTI_InitStructure);
NVIC_InitStructure.NVIC_IRQChannel=EXTI2_IRQn;
NVIC_InitStructure.NVIC_IRQChannelPreemptionPriority=0x02;//抢占优先级 2,
NVIC_InitStructure.NVIC_IRQChannelSubPriority=0x02;
NVIC_InitStructure.NVIC_IRQChannelCmd=ENABLE;
NVIC_Init(&NVIC_InitStructure);
}
void EXTI2_IRQHandler(void)
{
delay_ms(10);
if(KEY2==0)
{
    LED0=!LED0;
}
EXTI_ClearITPendingBit(EXTI_Line2);
}
```

外部中断初始化函数 void EXTIX _ Init (void)，首先调用 KEY _ Init () 函数，目的是初始化外部中断输入的 I/O 端口，然后调用 RCC _ APB2PeriphClockCmd () 函数来使能复用功能时钟。接着配置中断线和 GPIO 的映射关系，再初始化中断线。

按键中断服务函数 void EXTI2 _ IRQHandler (void)，代码简单，该函数先延时 10ms 以消抖，再检测是否为低电平，如果是，则执行此次操作，如果不是，则直接跳

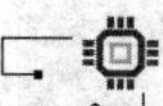

过，在最后有一句 EXTI _ ClearITPendingBit（EXTI _ Line2）；通过该句清除已经发生的中断请求。

main. c 中的内容如下：

```
#include "delay. h"
#include "key. h"
#include "sys. h"
#include "usart. h"
#include "exti. h"
int main(void)
{
delay_init();
NVIC_PriorityGroupConfig(NVIC_PriorityGroup_2);
uart_init(. 115200);
KEY_Init();
EXTIX_Init();
while(1)
{
    printf("OK\r\n");//打印 OK
    delay_ms(1000);
}
}
```

主函数代码简单，在初始化完成中断后，拉高 I/O 端口电平，进入死循环等待。死循环通过一个 printf 函数来告知系统正常运行，在中断发生后，就执行中断服务函数做出相应的处理，实现控制另一个 I/O 端口电平的功能。

第6章　STM32单片机外部协议实用案例

6.1　STM32单片机PWM输出原理及实例

本章学习使用STM32定时计数器TIM3通道2，通过把通道2重映射到PB1，产生PWM来控制PB1电平的高低。

6.1.1　原理详解

脉冲宽度调制（Pulse Width Modulation，PWM），简称脉宽调制，是利用微处理器的数字输出来对模拟电路进行控制的一种非常有效的技术，即通过程序编制对脉冲宽度进行控制。STM32的定时器除了TIM6和TIM7，其他的定时计数器都可以用来产生PWM输出。其中高级定时器TIM1和TIM8可以同时产生多达7路的PWM输出，通用定时器也能同时产生多达4路的PWM输出。这样，STM32最多可以同时产生30路PWM输出，现在仅利用TIM3的CH2产生1路PWM输出。

通过以下6个步骤，就可以完全控制TIM3的CH2输出PWM波形。PWM相关的函数设置在库函数文件stm32f10x _ tim. h和stm32f10x _ tim. c文件中。

步骤1：开启TIM3时钟以及复用功能时钟，配置PB1为复用输出。

使用TIM3之前必须先开启TIM3的时钟，还要配置PB1为复用输出，这是因为TIM3 _ CH2通道将重映射到PB1上，此时，PB1属于复用功能输出。库函数使能TIM3时钟的方法是：

```
RCC_APB1PeriphClockCmd(RCC_APB1Periph_TIM3,ENABLE);
```

库函数设置AFIO时钟的方法是：

```
RCC_APB2PeriphClockCmd(RCC_APB2Periph_AFIO,ENABLE);
```

设置PB1 GPIO初始化的代码：

```
GPIO_InitStructure.GPIO_Mode=GPIO_Mode_AF_PP;
```

步骤2：设置TIM3 _ CH2重映射到PB1。

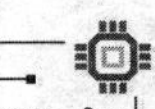

因为 TIM3 _ CH2 默认是接在 PA7 上的，所以需要设置 TIM3 _ REMAP 为部分重映射（通过 AFIO _ MAPR 配置），让 TIM3 _ CH2 重映射到 PB5 上面。在库函数函数里面设置重映射的函数是：

```
void GPIO_PinRemapConfig(uint32_t GPIO_Remap,FunctionalState NewState);
```

STM32 重映射只能重映射到特定的端口。第一个入口参数可以理解为设置重映射的类型，比如 TIM3 部分重映射入口参数为 GPIO _ PartialRemap _ TIM3，所以 TIM3 部分重映射的库函数实现方法是：

```
GPIO_PinRemapConfig(GPIO_PartialRemap_TIM3,ENABLE);
```

步骤 3：初始化 TIM3，设置 TIM3 的 ARR 和 PSC。

在开启了 TIM3 的时钟之后，设置 ARR 和 PSC 两个寄存器的值来控制输出 PWM 的周期。当 PWM 周期太慢（低于 50Hz）的时候，就会明显感觉到闪烁。因此，PWM 周期在这里不宜设置的太小。这在库函数是通过 TIM _ TimeBaseInit 函数实现的，调用的格式为：

```
TIM_TimeBaseStructure.TIM_Period=arr;
TIM_TimeBaseStructure.TIM_Prescaler=psc;
TIM_TimeBaseStructure.TIM_ClockDivision=0;
TIM_TimeBaseStructure.TIM_CounterMode=TIM_CounterMode_Up;
TIM_TimeBaseInit(TIM3,&TIM_TimeBaseStructure);
```

步骤 4：设置 TIM3 _ CH2 的 PWM 模式，使能 TIM3 的 CH2 输出。

要设置 TIM3 _ CH2 为 PWM 模式（默认是冻结的），先配置 TIM3 _ CCMR1 的相关位。在库函数中，PWM 通道设置是通过函数 TIM _ OC1Init（）～TIM _ OC4Init（）来设置的，不同通道的设置函数不一样，此处使用的是通道 2，所以使用的函数是 TIM _ OC2Init（）。

```
void TIM_OC2Init(TIM_TypeDef * TIMx,TIM_OCInitTypeDef * TIM_OCInitStruct);
```

结构体 TIM _ OCInitTypeDef 的定义：

```
typedef struct
{
    uint16_t TIM_OCMode;
    uint16_t TIM_OutputState;
    uint16_t TIM_OutputNState;
    uint16_t TIM_Pulse;
    uint16_t TIM_OCPolarity;
    uint16_t TIM_OCNPolarity;
    uint16_t TIM_OCIdleState;
    uint16_t TIM_OCNIdleState;
}TIM_OCInitTypeDef;
```

与要求相关的几个成员变量：

（1）参数 TIM _ OCMode。设置模式是 PWM 还是输出比较，这里采用的是 PWM 模式。

(2) 参数 TIM _ OutputState。用来设置比较输出使能，也就是使能 PWM 输出到端口。

(3) 参数 TIM _ OCPolarity。用来设置极性是高还是低。

(4) 其他的参数：TIM _ OutputNState、TIM _ OCNPolarity、TIM _ OCIdleState 和 TIM _ OCNIdleState 是高级定时器 TIM1 和 TIM8 才用到的。

要实现上面提到的场景，方法是：

```
TIM_OCInitTypeDef TIM_OCInitStructure;
TIM_OCInitStructure. TIM_OCMode=TIM_OCMode_PWM2;
TIM_OCInitStructure. TIM_OutputState=TIM_OutputState_Enable;
TIM_OCInitStructure. TIM_OCPolarity=TIM_OCPolarity_High;
TIM_OC2Init(TIM3,&TIM_OCInitStructure);
```

步骤 5：使能 TIM3。

在完成以上设置之后，需要使能 TIM3：

```
TIM_Cmd(TIM3,ENABLE);
```

步骤 6：修改 TIM3 _ CCR2 来控制占空比。

在经过以上设置之后，PWM 其实已经开始输出，只是其占空比和频率都是固定的，通过修改 TIM3 _ CCR2 则可以控制 CH2 的输出占空比，继而控制 PB1 的输出波形。

在库函数中，修改 TIM3 _ CCR2 占空比的函数是：

```
void TIM_SetCompare2(TIM_TypeDef * TIMx,uint16_t Compare2);
```

对于其他通道，分别有一个函数名字，函数格式为 TIM _ SetComparex(x=1，2，3，4)。

6.1.2　软件设计

需要在 timer. c 里面加入以下代码：

```
void TIM3_PWM_Init(u16 arr,u16 psc)
{
    GPIO_InitTypeDef GPIO_InitStructure;
    TIM_TimeBaseInitTypeDef TIM_TimeBaseStructure;
    TIM_OCInitTypeDef TIM_OCInitStructure;
    RCC_APB1PeriphClockCmd(RCC_APB1Periph_TIM3,ENABLE);
    RCC_APB2PeriphClockCmd(RCC_APB2Periph_GPIOB|
    RCC_APB2Periph_AFIO,ENABLE);
    GPIO_PinRemapConfig(GPIO_PartialRemap_TIM3,ENABLE);
    GPIO_InitStructure. GPIO_Pin=GPIO_Pin_1;
    GPIO_InitStructure. GPIO_Mode=GPIO_Mode_AF_PP;
    GPIO_InitStructure. GPIO_Speed=GPIO_Speed_50MHz;
    GPIO_Init(GPIOB,&GPIO_InitStructure);
    TIM_TimeBaseStructure. TIM_Period=arr;
    TIM_TimeBaseStructure. TIM_Prescaler=psc;
    TIM_TimeBaseStructure. TIM_ClockDivision=0;
```

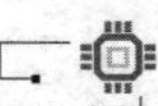

```
    TIM_TimeBaseStructure.TIM_CounterMode=TIM_CounterMode_Up;
    TIM_TimeBaseInit(TIM3,&TIM_TimeBaseStructure);
    TIM_OCInitStructure.TIM_OCMode=TIM_OCMode_PWM2;
    TIM_OCInitStructure.TIM_OutputState=TIM_OutputState_Enable;
    TIM_OCInitStructure.TIM_OCPolarity=TIM_OCPolarity_High;
    TIM_OC2Init(TIM3,&TIM_OCInitStructure);
    TIM_OC2PreloadConfig(TIM3,TIM_OCPreload_Enable);
    TIM_Cmd(TIM3,ENABLE);
}
```

此部分代码包含 PWM 输出设置的前 5 个步骤分别用标号①～⑤备注，在配置 AFIO 相关寄存器的时候，必须先开启辅助功能时钟，头文件 timer.h 与第 5 章的不同是加入了 TIM3_PWM_Init 的声明。

主程序里面的 main 函数如下：

```
int main(void)
{
    u16 led0pwmval=0;
    u8 dir=1;
    delay_init();
    NVIC_PriorityGroupConfig(NVIC_PriorityGroup_2);
    uart_init(115200);
    LED_Init();
    TIM3_PWM_Init(899,0);
    while(1)
    {
        delay_ms(10);
        if(dir)led0pwmval++;
        else led0pwmval--;
        if(led0pwmval>300)dir=0;
        if(led0pwmval==0)dir=1;
        TIM_SetCompare2(TIM3,led0pwmval);
    }
}
```

从循环函数可以看出，将 led0pwmval 这个值设置为 PWM 比较值，即通过 led0pwmval 来控制 PWM 的占空比，再控制 led0pwmval 的值从 0 变到 300，又从 300 变到 0，如此循环，因此 PB1 的电平脉冲也会跟着从低变到高，又从高变到低。数值取 300 的原因是 PWM 的输出占空比达到这个值的时候，电平脉冲变化不明显（虽然最大值可以设置到 899），因此设计过大的值在此处是没必要的。

6.2 STM32 单片机和 DS18B20 温度检测原理及实例

STM32 单片机虽然内部自带温度传感器，但是因为芯片检测数据与实际温度差别较大，本节主要阐述如何通过STM32来读取外部数字温度传感器（DS18B20）的温度，以得到准确的环境温度。该实例将学习使用单总线技术，通过它来实现STM32和外部温度传感器（DS18B20）的通信。

6.2.1 原理详解

DS18B20是由DALLAS半导体公司推出的一种的“一线总线”接口的温度传感器。与传统的热敏电阻等测温元件相比，它是一种新型的体积小、适用电压宽、与微处理器接口简单的数字化温度传感器。一线总线结构具有简洁且经济的特点，可使用户轻松地组建传感器网络，从而为测量系统的构建引入全新概念，测量温度范围为−55～+125℃，精度为±0.5℃。现场温度直接以“一线总线”的数字方式传输，大大提高了系统的抗干扰性。它能直接读出被测温度，并且可根据实际要求通过简单的编程实现9～12位的数字值读数方式。它在3～5.5V的电压范围工作，采用多种封装形式，从而使系统设计灵活、方便，在EEPROM中存储设定好的分辨率及用户设定的报警温度，掉电后依然保存。

ROM中的64位序列号是出厂前被标记好的，可以看作是该DS18B20的地址序列码，每DS18B20的64位序列号均不相同。64位ROM的排列是：前8位是产品家族码，接着48位是DS18B20的序列号，最后8位是前面56位的循环冗余校验码（CRC=X8+X5+X4+1）。ROM作用是使每一个DS18B20都各不相同，这样就可实现一根总线上挂接多个。所有的单总线器件要求采用严格的信号时序，以保证数据的完整性。DS18B20共有6种信号类型：复位脉冲、应答脉冲、写0、写1、读0和读1。所有这些信号，除了应答脉冲以外，都由主机发出同步信号。并且发送所有的命令和数据都是字节的低位在前。在51单片机和DS18B20连接的基础上，简单介绍这几个信号的时序：

（1）复位脉冲和应答脉冲。单总线上的所有通信都是以初始化序列开始。主机输出低电平，保持低电平时间至少480μs，以产生复位脉冲。接着主机释放总线，4.7kΩ的上拉电阻将单总线拉高，延时15～60μs，并进入接收模式（RX）。接着DS18B20拉低总线60～240μs，以产生低电平应答脉冲，若为低电平，再延时480μs。

（2）写时序。写时序包括写0时序和写1时序。所有写时序至少需要60μs，且在2次独立的写时序之间至少需要1μs的恢复时间，两种写时序均起始于主机拉低总线。写1时序：主机输出低电平，延时2μs，然后释放总线，延时60μs。写0时序：主机输出低电平，延时60μs，然后释放总线，延时2μs。

（3）读时序。单总线器件仅在主机发出读时序时，才向主机传输数据，所以，在主机发出读数据命令后，必须马上产生读时序，以便从机能够传输数据。所有读时序至少需要60μs，且在2次独立的读时序之间至少需要1μs的恢复时间。每个读时序都由主机发起，至少拉低总线1μs。主机在读时序期间必须释放总线，并且在时序起始后的15μs之内采样总线状态。典型的读时序过程为：主机输出低电平延时2μs，然后主机转入输入模式延时12μs，再读取单总线当前的电平，之后再延时50μs。

DS18B20的典型温度读取过程为：复位→发SKIPROM命令（0XCC）→发开始转换命令（0X44）→延时→复位→发送SKIPROM命令（0XCC)→发读存储器命令（0XBE)→连续读出两个字节数据（即温度）→结束。

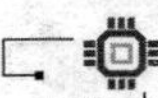

6.2.2 软件设计

对 DS18B20 芯片控制的 ds18b20.c 文件代码如下：

```
#include"ds18b20.h"
#include"delay.h"
void DS18B20_Rst(void)
{
    DS18B20_IO_OUT();
    DS18B20_DQ_OUT=0;
    delay_us(750);
    DS18B20_DQ_OUT=1;
    delay_us(15);
}
u8 DS18B20_Check(void)
{
    u8 retry=0;
    DS18B20_IO_IN();
    while(DS18B20_DQ_IN&&retry<200)
    {
        retry++;
        delay_us(1);
    };
    if(retry>=200)return 1;
    else retry=0;
    while(! DS18B20_DQ_IN&&retry<240)
    {
        retry++;
        delay_us(1);
    };
    if(retry>=240)return 1;
    return 0;
}
u8 DS18B20_Read_Bit(void)
{
u8 data;
DS18B20_IO_OUT();
DS18B20_DQ_OUT=0;
delay_us(2);
DS18B20_DQ_OUT=1;
DS18B20_IO_IN();
delay_us(12);
if(DS18B20_DQ_IN)data=1;
else data=0;
```

```
delay_us(50);
return data;
}
u8 DS18B20_Read_Byte(void)
{
u8 i,j,dat;
dat=0;
for(i=1;i<=8;i++)
{
    j=DS18B20_Read_Bit();
    dat=(j<<7)|(dat>>1);
}
return dat;
}
void DS18B20_Write_Byte(u8 dat)
{
u8 j;
u8 testb;
DS18B20_IO_OUT();
for(j=1;j<=8;j++)
{
    testb=dat&0x01;
    dat=dat>>1;
    if(testb)
    {
        DS18B20_DQ_OUT=0;
        delay_us(2);
        DS18B20_DQ_OUT=1;
        delay_us(60);
    }
    else
    {
        DS18B20_DQ_OUT=0;
        delay_us(60);
        DS18B20_DQ_OUT=1;
        delay_us(2);
    }
}
}
void DS18B20_Start(void)
    DS18B20_Rst();
    DS18B20_Check();
    DS18B20_Write_Byte(0xcc);
    DS18B20_Write_Byte(0x44);
```

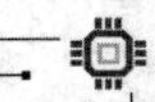

```
}
u8 DS18B20_Init(void)
{
    GPIO_InitTypeDef GPIO_InitStructure;
    RCC_APB2PeriphClockCmd(RCC_APB2Periph_GPIOG,ENABLE);
    GPIO_InitStructure.GPIO_Pin=GPIO_Pin_11;
    GPIO_InitStructure.GPIO_Mode=GPIO_Mode_Out_PP;
    GPIO_InitStructure.GPIO_Speed=GPIO_Speed_50MHz;
    GPIO_Init(GPIOG,&GPIO_InitStructure);
    GPIO_SetBits(GPIOG,GPIO_Pin_11);
    DS18B20_Rst();
    return DS18B20_Check();
    }
    short DS18B20_Get_Temp(void)
    {
    u8 temp;
    u8 TL,TH;
    short tem;
    DS18B20_Start();
    DS18B20_Rst();
    DS18B20_Check();
    DS18B20_Write_Byte(0xcc);
    DS18B20_Write_Byte(0xbe);
    TL=DS18B20_Read_Byte();
    TH=DS18B20_Read_Byte();
    if(TH>7)
    {
    TH=~TH;
    TL=~TL;
    temp=0;
}
else temp=1;
tem=TH;
tem<<=8;
tem+=TL;
tem=(float)tem*0.625;
if(temp)
return tem;
else return-tem;
}
```

该代码就是根据单总线操作时序来读取DS18B20的温度值的，DS18B20的温度通过DS18B20_Get_Temp函数读取，该函数的返回值为带符号的短整形数据，返回值的范围为－550～1250，其实就是温度值扩大了10倍。

下面是该实例的 main. c 文件代码：

```
int main(void)
{
u8 t=0;
short temperature;
delay_init();
NVIC_PriorityGroupConfig(NVIC_PriorityGroup_2);
uart_init(115200);
while(DS18B20_Init())
{
    delay_ms(200);
    delay_ms(200);
}
while(1)
{
    if(t%10==0)
{
temperature=DS18B20_Get_Temp();
delay_ms(10);
t++;
}
```

6.3　STM32 单片机和 DHT11 温湿度检测原理及实例

作为常用传感器，DHT11 传感器不但能测温度，还能测湿度。本章将介绍如何使用 STM32 来读取 DHT11 数字温湿度传感器，从而得到环境温度和湿度等信息，再将温湿度值显示在 TFTLCD 模块上。

6.3.1　原理详解

DHT11 是一款湿温度一体化的数字传感器，包括一个电阻式测湿元件和一个 NTC 测温元件，并与一个高性能 8 位单片机相连接。通过单片机等微处理器简单的电路连接就能够实时地采集本地湿度和温度。DHT11 与单片机之间能采用简单的单总线进行通信，仅仅需要一个 I/O 端口。传感器内部 40 位的湿度和温度数据一次性传给单片机，数据采用校验和方式进行校验，有效地保证了数据传输的准确性。DHT11 功耗很低，在 5V 的电源电压下，工作平均最大电流 0.5mA。

DHT11 的技术参数如下：

工作电压范围：3.3～5.5V。

工作电流：平均 0.5mA。

输出：单总线数字信号。

测量范围：湿度 20%～90%RH，温度 0～50℃。

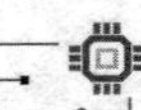

精度：湿度±5%，温度±2℃。

分辨率：湿度1%，温度1℃。

DHT11的管脚排列如图6.1所示。

虽然DHT11与DS18B20类似，都是单总线访问，但是DHT11的访问，相对DS18B20来说要简单很多。DHT11数字湿温度传感器采用单总线数据格式，即单个数据引脚端口完成输入输出双向传输。其数据包由5byte（40bit）组成，数据分小数部分和整数部分。一次完整的数据传输为40bit，高位先出。DHT11的数据格式为：8bit湿度整数数据+8bit湿度小数数据+8bit温度整数数据+8bit温度小数数据+8bit校验和。其中校验和数据为前四个字节相加。传感器数据输出的是未编码的二进制数据。数据（湿度、温度、整数、小数）之间应该分开处理。例如，某次从DHT11读到的数据如图6.2所示。

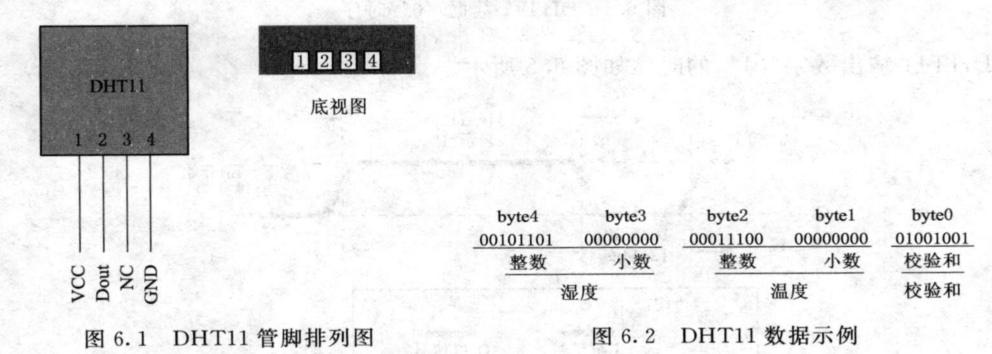

图6.1 DHT11管脚排列图

图6.2 DHT11数据示例

由以上数据就可得到湿度和温度的值，计算方法如下：

湿度=byte4.byte3=45.0（%RH）

温度=byte2.byte1=28.0（℃）

校验=byte4+byte3+byte2+byte1=73（=湿度+温度）（校验正确）

DHT11和MCU的一次通信最大为3ms左右，建议主机连续读取时间间隔不要小于100ms。DHT11的数据发送流程如图6.3所示。

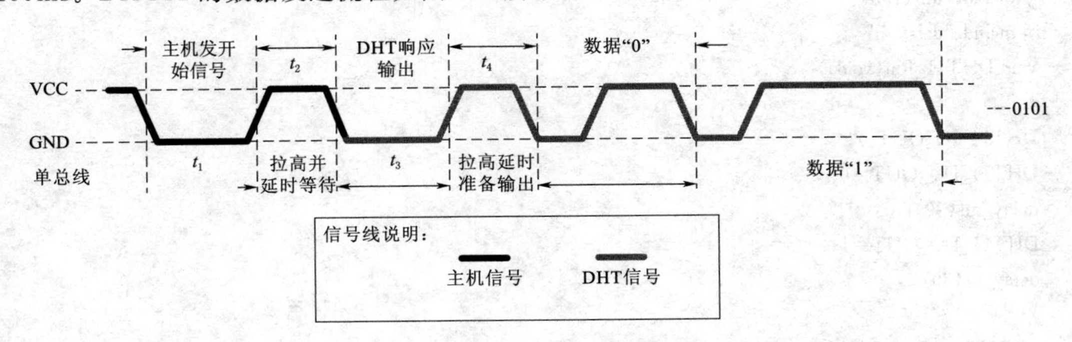

图6.3 DHT11数据发送流程

首先主机发送开始信号，即：拉低数据线，保持t_1（至少18ms）时间，然后拉高数据线t_2（20～40μs）时间，再读取DHT11的响应，正常的话，DHT11会拉低数据线，保持t_3（40～50μs）时间，作为响应信号，之后再DHT11拉高数据线，保持t_4（40～

50μs）时间后，开始输出数据。DHT11输出数字‘0’的时序如图6.4所示。

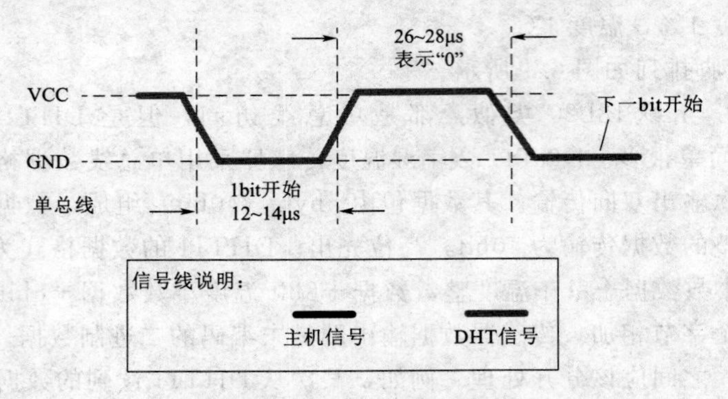

图6.4　DHT11数据‘0’时序

DHT11输出数字‘1’的时序如图6.5所示。

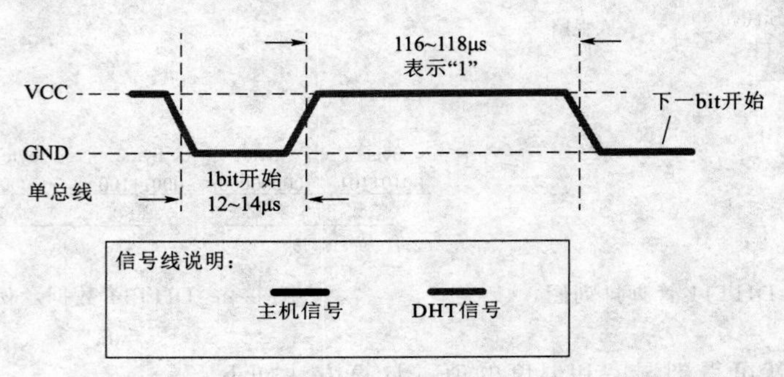

图6.5　DHT11数据‘1’时序

6.3.2　实例软件设计

实例dht11.c代码如下：

```
#include"dht11.h"
#include"delay.h"
void DHT11_Rst(void)
{
DHT11_IO_OUT();
DHT11_DQ_OUT=0;
delay_ms(20);
DHT11_DQ_OUT=1;
delay_us(30);
}
u8 DHT11_Check(void)
{
u8 retry=0;
DHT11_IO_IN();
while(DHT11_DQ_IN&&retry<100)
```

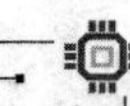

```
{
    retry++;
    delay_us(1);
};
if(retry>=100)return 1;
else retry=0;
while(! DHT11_DQ_IN&&retry<100)
{
    retry++;
    delay_us(1);
};
if(retry>=100)return 1;
return 0;
}
u8 DHT11_Read_Bit(void)
{
u8 retry=0;
while(DHT11_DQ_IN&&retry<100)
{
    retry++;
    delay_us(1);
}
retry=0;
while(! DHT11_DQ_IN&&retry<100)
{
    retry++;
    delay_us(1);
}
delay_us(40);
if(DHT11_DQ_IN)return 1;
else return0;
}
u8 DHT11_Read_Byte(void)
{
u8 i,dat;
dat=0;
for(i=0;i<8;i++)
{
    dat<<=1;
    dat|=DHT11_Read_Bit();
}
return dat;
}
u8 DHT11_Read_Data(u8* temp,u8* humi)
```

```
{
u8 buf[5];
u8 i;
DHT11_Rst();
if(DHT11_Check()==0)
{
    for(i=0;i<5;i++)
    {
        buf[i]=DHT11_Read_Byte();
    }
    if((buf[0]+buf[1]+buf[2]+buf[3])==buf[4])
    {
        *humi=buf[0];
        *temp=buf[2];
    }
}
else return 1;
return 0;
}
u8 DHT11_Init(void)
{
GPIO_InitTypeDef GPIO_InitStructure;
RCC_APB2PeriphClockCmd(RCC_APB2Periph_GPIOG,ENABLE);
GPIO_InitStructure.GPIO_Pin=GPIO_Pin_11;GPIO_InitStructure.GPIO_Mode=GPIO_Mode_Out_PP;
GPIO_InitStructure.GPIO_Speed=GPIO_Speed_50MHz;
GPIO_Init(GPIOG,&GPIO_InitStructure);
GPIO_SetBits(GPIOG,GPIO_Pin_11);
DHT11_Rst();
return DHT11_Check();
}
```

该部分代码首先是通过函数 DHT11 _ Init 初始化传感器，然后根据单总线操作时序来读取 DHT11 的温湿度值的，DHT11 的温湿度值通过 DHT11 _ Read _ Data 函数读取，如果返回 0，则说明读取成功，返回 1，则说明读取失败。该实例 main. c，该文件代码如下：

```
int main(void)
{
u8 t=0;
u8 temperature;
u8 humidity;
delay_init();
NVIC_PriorityGroupConfig(NVIC_PriorityGroup_2);
uart_init(115200);
LED_Init();
```

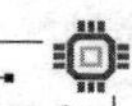

```
LCD_Init();
POINT_COLOR=RED;
LCD_ShowString(30,50,200,16,16,"STM32");
LCD_ShowString(30,70,200,16,16,"DHT11TEST");
LCD_ShowString(30,90,200,16,16,"ATOM@");
LCD_ShowString(30,110,200,16,16,"2015/1/16");
while(DHT11_Init())
{
    LCD_ShowString(30,130,200,16,16,"DHT11Error");
    delay_ms(200);
    LCD_Fill(30,130,239,130+16,WHITE);
    delay_ms(200);
}
LCD_ShowString(30,130,200,16,16,"DHT11 OK");
POINT_COLOR=BLUE;
LCD_ShowString(30,150,200,16,16,"Temp:C");
LCD_ShowString(30,170,200,16,16,"Humi:%");
while(1)
{
    if(t%10==0)
    {
        DHT11_Read_Data(&temperature,&humidity);
        LCD_ShowNum(30+40,150,temperature,2,16);
        LCD_ShowNum(30+40,170,humidity,2,16);
    }
    delay_ms(10);
    t++;
    if(t==20)
    {
        t=0;
        LED0=! LED0;
    }
}
}
```

与DS18B20小节不同的是，在本节主函数代码中，加入了对LCD的支持，所以需要在函数中调用LCD相关函数（包括C函数和H函数）。

6.4 STM32单片机和SPI通信原理及实例

本节利用STM32自带的SPI来实现对外部FLASH（W25Q128）的读写，并将结果显示在TFTLCD模块上。

6.4.1　原理详解

串行外围设备接口（serial peripheral interface，SPI）是 Motorola 首先在其 MC68HCXX 系列处理器上定义的。SPI 接口主要应用在 EEPROM、FLASH、实时时钟、AD 转换器，以及数字信号处理器和数字信号解码器之间。SPI 是一种高速的、全双工、同步的通信总线，并且在芯片的管脚上只占用四根线，节约了芯片的管脚，同时为 PCB 的布局节省空间，提供方便。正是出于其简单易用的特性，现在越来越多的芯片集成了这种通信协议，STM32 也有 SPI 接口。图 6.6 是 SPI 的内部简明示意图。

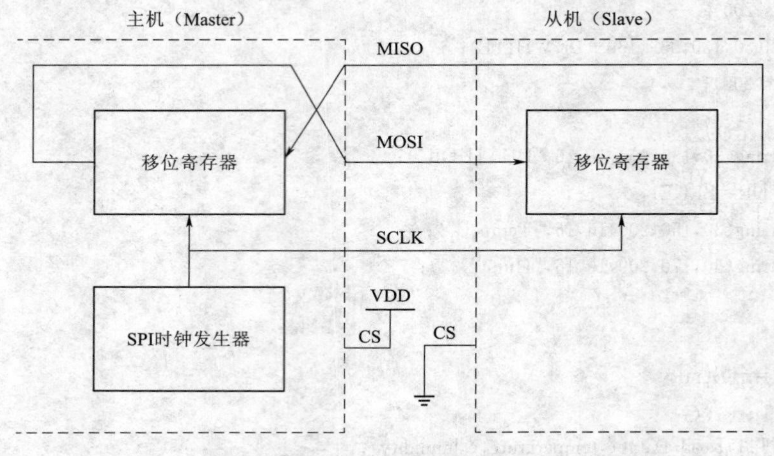

图 6.6　SPI 内部结构简明图

SPI 接口一般使用 4 条线通信：

（1）MISO 主设备数据输入，从设备数据输出。

（2）MOSI 主设备数据输出，从设备数据输入。

（3）SCLK 时钟信号，由主设备产生。

（4）CS 从设备片选信号，由主设备控制。

从图 6.6 中可以看出，主机和从机都有一个串行移位寄存器，主机通过向它的 SPI 串行寄存器写入一个字节来发起一次传输。寄存器通过 MOSI 信号线将字节传送给从机，从机也将自己的移位寄存器中的内容通过 MISO 信号线返回给主机。这样，两个移位寄存器中的内容就被交换。外设的写操作和读操作是同步完成的。如果只进行写操作，主机只需忽略接收到的字节；反之，若主机要读取从机的一个字节，就必须发送一个空字节来引发从机的传输。

SPI 主要特点有：可以同时发出和接收串行数据；可以当作主机或从机工作；提供频率可编程时钟；发送结束中断标志；写冲突保护；总线竞争保护等。SPI 模块为了和外设进行数据交换，根据外设工作要求，其输出串行同步时钟极性和相位可以进行配置，时钟极性（CPOL）对传输协议没有重大的影响。如果 CPOL＝0，串行同步时钟的空闲状态为低电平；如果 CPOL＝1，串行同步时钟的空闲状态为高电平。时钟相位（CPHA）能够配置用于选择两种不同的传输协议之一进行数据传输。如果 CPHA＝0，在串行同步时

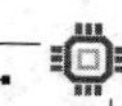

钟的第一个跳变沿（上升或下降）数据被采样；如果 CPHA=1，在串行同步时钟的第二个跳变沿（上升或下降）数据被采样。SPI 主模块和与之通信的外设备时钟相位和极性应该一致。

STM32 单片机的 SPI 功能很强大，SPI 时钟最多可以到 18MHz，支持 DMA，可以配置为 SPI 协议或者 I2S 协议。

本节使用 STM32 的 SPI2 的主模式。SPI 相关的库函数和定义分布在文件 stm32f10x _ spi. c 以及头文件 stm32f10x _ spi. h 中。STM32 的主模式配置步骤如下。

步骤 1：配置相关引脚的复用功能，使能 SPI2 时钟。

要用 SPI2，第一步就要使能 SPI2 的时钟。其次要设置 SPI2 的相关引脚为复用输出，这样才会连接到 SPI2 上，否则这些 I/O 端口还是默认的状态，也就是标准输入输出口。本节使用的是 PB13、14、15 这 3 个（SCK.、MISO、MOSI，CS 使用软件管理方式），所以设置这 3 个为复用 I/O。

```
GPIO _ InitTypeDef GPIO _ InitStructure;
RCC _ APB2PeriphClockCmd（RCC _ APB2Periph _ GPIOB，ENABLE）;
RCC _ APB1PeriphClockCmd（RCC _ APB1Periph _ SPI2，ENABLE）;
GPIO _ InitStructure. GPIO _ Pin=GPIO _ Pin _ 13 | GPIO _ Pin _ 14 | GPIO _ Pin _ 15;
GPIO _ InitStructure. GPIO _ Mode=GPIO _ Mode _ AF _ PP;
GPIO _ InitStructure. GPIO _ Speed=GPIO _ Speed _ 50MHz;
GPIO _ Init（GPIOB，&GPIO _ InitStructure）;
```

步骤 2：初始化 SPI2，设置 SPI2 工作模式。

设置 SPI2 为主机模式，设置数据格式为 8 位，然后设置 SCK 时钟极性及采样方式。并设置 SPI2 的时钟频率（最大 18MHz），以及数据的格式（MSB 在前还是 LSB 在前）。这在库函数中是通过 SPI _ Init 函数来实现的：voidSPI _ Init（SPI _ TypeDef* SPIx，SPI _ InitTypeDef* SPI _ InitStruct）；跟其他外设初始化一样，第一个参数是 SPI 标号，这里使用的 SPI2。第二个参数结构体类型 SPI _ InitTypeDef 的定义：

```
typedef struct
{
    uint16_t SPI_Direction;
    uint16_t SPI_Mode;
    uint16_t SPI_DataSize;
    uint16_t SPI_CPOL;
    uint16_t SPI_CPHA;
    uint16_t SPI_NSS;
    uint16_t SPI_BaudRatePrescaler;
    uint16_t SPI_FirstBit;
    uint16_t SPI_CRCPolynomial;
}SPI_InitTypeDef;
```

（1）第一个参数 SPI _ Direction 是用来设置 SPI 的通信方式，可以选择为半双工、全双工，以及串行发和串行收方式，这里选择全双工模式 SPI _ Direction _ 2Lines _ FullDuplex。

(2) 第二个参数 SPI _ Mode 用来设置 SPI 的主从模式，这里设置为主机模式 SPI _ Mode _ Master，当然也可以选择为从机模式 SPI _ Mode _ Slave。

(3) 第三个参数 SPI _ DataSiz 为 8 位还是 16 位的帧格式选择项，这里是 8 位传输，选择 SPI _ DataSize _ 8b。

(4) 第四个参数 SPI _ CPOL 用来设置时钟极性，此处设置串行同步时钟的空闲状态为高电平，所以选择 SPI _ CPOL _ High。

(5) 第五个参数 SPI _ CPHA 用来设置时钟相位，也就是选择在串行同步时钟的第几个跳变（上升或下降）数据被采样，可以为第一个或者第二个条边沿采集，这里选择第二个跳变沿，所以选择 SPI _ CPHA _ 2Edge

(6) 第六个参数 SPI _ NSS 设置 NSS 信号由硬件（NSS 管脚）还是软件控制，这里通过软件控制 NSS 关键，而不是硬件自动控制，所以选择 SPI _ NSS _ Soft。

(7) 第七个参数 SPI _ BaudRatePrescaler 很关键，是设置 SPI 波特率预分频值，也就是决定 SPI 的时钟参数，初始化的时候选择 256 分频值 SPI _ BaudRatePrescaler _ 256，传输速度为 36M/256＝140.625KHz。

(8) 第八个参数 SPI _ FirstBit 为设置数据传输顺序是 MSB 位在前还是 LSB 位在前，这里选择 SPI _ FirstBit _ MSB 高位在前。

(9) 第九个参数 SPI _ CRCPolynomial 是用来设置 CRC 校验多项式，提高通信可靠性，大于 1 即可。

设置好上面 9 个参数，可以初始化 SPI 外设了。初始化的范例格式为：

```
SPI_InitTypeDef SPI_InitStructure;
SPI_InitStructure.SPI_Direction=SPI_Direction_2Lines_FullDuplex;
SPI_InitStructure.SPI_Mode=SPI_Mode_Master;
SPI_InitStructure.SPI_DataSize=SPI_DataSize_8b;
SPI_InitStructure.SPI_CPOL=SPI_CPOL_High;
SPI_InitStructure.SPI_CPHA=SPI_CPHA_2Edge;
SPI_InitStructure.SPI_NSS=SPI_NSS_Soft;
SPI_InitStructure.SPI_BaudRatePrescaler=SPI_BaudRatePrescaler_256;
SPI_InitStructure.SPI_FirstBit=SPI_FirstBit_MSB;
SPI_InitStructure.SPI_CRCPolynomial=7;
SPI_Init(SPI2,&SPI_InitStructure);
```

步骤 3：使能 SPI2。

使能 SPI2 的方法是：

```
SPI_Cmd(SPI2,ENABLE);
```

步骤 4：SPI 传输数据。

通信接口需要有发送数据和接收数据的函数，固件库提供的发送数据函数原型为：

```
Void SPI_I2S_SendData(SPI_TypeDef. SPIx,uint16_t Data);
```

固件库提供的接收数据函数原型为：

```
uint16_t SPI_I2S_ReceiveData(SPI_TypeDef* SPIx);
```

步骤5：查看SPI传输状态。

在SPI传输过程中，需要经常判断数据是否传输完成，发送区是否为空等状态，这是通过函数SPI_I2S_GetFlagStatus实现的。判断发送是否完成的方法是：

```
SPI_I2S_GetFlagStatus(SPI2,SPI_I2S_FLAG_RXNE);
```

6.4.2 软件设计

spi.c文件有如下代码：

```
#include"spi.h"
void SPI2_Init(void)
{
GPIO_InitTypeDef GPIO_InitStructure;
SPI_InitTypeDef SPI_InitStructure;
RCC_APB2PeriphClockCmd(RCC_APB2Periph_GPIOB,ENABLE);
RCC_APB1PeriphClockCmd(RCC_APB1Periph_SPI2,ENABLE);
GPIO_InitStructure.GPIO_Pin=GPIO_Pin_13|GPIO_Pin_14|GPIO_Pin_15;
GPIO_InitStructure.GPIO_Mode=GPIO_Mode_AF_PP;
GPIO_InitStructure.GPIO_Speed=GPIO_Speed_50MHz;
GPIO_Init(GPIOB,&GPIO_InitStructure);
GPIO_SetBits(GPIOB,GPIO_Pin_13|GPIO_Pin_14|GPIO_Pin_15);
SPI_InitStructure.SPI_Direction=SPI_Direction_2Lines_FullDuplex;
SPI_InitStructure.SPI_Mode=SPI_Mode_Master;
SPI_InitStructure.SPI_DataSize=SPI_DataSize_8b;
SPI_InitStructure.SPI_CPOL=SPI_CPOL_High;
SPI_InitStructure.SPI_CPHA=SPI_CPHA_2Edge;
SPI_InitStructure.SPI_NSS=SPI_NSS_Soft;
SPI_InitStructure.SPI_BaudRatePrescaler=SPI_BaudRatePrescaler_256;
SPI_InitStructure.SPI_FirstBit=SPI_FirstBit_MSB;
SPI_InitStructure.SPI_CRCPolynomial=7;
SPI_Init(SPI2,&SPI_InitStructure);
SPI_Cmd(SPI2,ENABLE);
SPI2_ReadWriteByte(0xff);
}
void SPI2_SetSpeed(u8SPI_BaudRatePrescaler)
{
assert_param(IS_SPI_BAUDRATE_PRESCALER(SPI_BaudRatePrescaler));
SPI2->CR1&=0XFFC7;
SPI2->CR1|=SPI_BaudRatePrescaler;
SPI_Cmd(SPI2,ENABLE);
}
```

```
u8 SPI2_ReadWriteByte(u8 TxData)
{
u8 retry=0;
while(SPI_I2S_GetFlagStatus(SPI2,SPI_I2S_FLAG_TXE)==RESET)
{
    retry++;
    if(retry>200)return 0;
}
SPI_I2S_SendData(SPI2,TxData);
retry=0;
while(SPI_I2S_GetFlagStatus(SPI2,SPI_I2S_FLAG_RXNE)==RESET)
{
    retry++;
    if(retry>200)return 0;
}
return SPI_I2S_ReceiveData(SPI2);
}
```

此代码主要功能是初始化SPI，这里选择的是SPI2，所以在SPI2_Init函数里面，其相关的操作都是针对SPI2的。初始化之后，就可以开始使用SPI2了，在SPI2_Init函数里面，把SPI2的波特率设置成最低（36MHz，256分频为140.625kHz）。在外部函数里面，通过SPI2_SetSpeed来设置SPI2的速度，数据发送和接收则是通过SPI2_ReadWriteByte函数来实现的。

w25qxx.c代码如下：

```
void W25QXX_Read(u8* pBuffer,u32ReadAddr,u16NumByteToRead)
{
u16 i;
SPI_FLASH_CS=0;
SPI2_ReadWriteByte(W25X_ReadData);
SPI2_ReadWriteByte((u8)((ReadAddr)>>16));
SPI2_ReadWriteByte((u8)((ReadAddr)>>8));
SPI2_ReadWriteByte((u8)ReadAddr);
for(i=0;i<NumByteToRead;i++)
{
    pBuffer[i]=SPI2_ReadWriteByte(0XFF);
}
SPI_FLASH_CS=1;
}
```

由于W25Q128支持以任意地址（但是不能超过W25Q128的地址范围）开始读取数据，所以，在发送24位地址之后，程序就可以开始循环读数据了，其地址会自动增加。W25QXX_Write函数的作用与W25QXX_Flash_Read的作用类似，不过是用来写数据到W25Q128里面的，其代码如下：

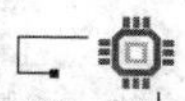

```
u8 W25QXX_BUFFER[4096];
void W25QXX_Write(u8 * pBuffer,u32 WriteAddr,u16 NumByteToWrite)
{
u32 secpos;
u16 secoff;
u16 secremain;
u16i;
u8 * W25QXX_BUF;
W25QXX_BUF=W25QXX_BUFFER;
secpos=WriteAddr/4096;
secoff=WriteAddr%4096;
secremain=4096 - secoff;
if(NumByteToWrite<=secremain)secremain=NumByteToWrite;
while(1)
{
W25QXX_Read(W25QXX_BUF,secpos * 4096,4096);
for(i=0;i<secremain;i++)
{
    if(W25QXX_BUF[secoff+i]! =0XFF)break;
}
if(i<secremain)
{
    W25QXX_Erase_Sector(secpos);
    for(i=0;i<secremain;i++)
    {
        W25QXX_BUF[i+secoff]=pBuffer[i];
    }
        W25QXX_Write_NoCheck(W25QXX_BUF,secpos * 4096,4096);
        }else W25QXX_Write_NoCheck(pBuffer,WriteAddr,secremain);
        if(NumByteToWrite==secremain)break;
        else
        {
            secpos++;
            secoff=0;
            pBuffer+=secremain;
            WriteAddr+=secremain;
            NumByteToWrite-=secremain;
            if(NumByteToWrite>4096)secremain=4096;
            else secremain=NumByteToWrite;
        }
    };
}
```

该函数可以在 W25Q128 的任意地址开始写入任意长度（必须不超过 W25Q128 的容

量）的数据。运行思路如下：先获得首地址（WriteAddr）所在的扇区，并计算在扇区内的偏移，然后判断要写入的数据长度是否超过本扇区所剩下的长度，如果不超过，再先看看是否要擦除，如果不要，则直接写入数据即可，如果要，则读出整个扇区，在偏移处开始写入指定长度的数据，然后擦除这个扇区，再一次性写入。当所需要写入的数据长度超过一个扇区的长度的时候，就先按照前面的步骤把扇区剩余部分写完，再在新扇区内执行同样的操作，如此循环，直到写入结束。

该实例 main. c 函数代码如下：

```
const u8 TEXT_Buffer[]={"STM32 SPI TEST"};
#define SIZE sizeof(TEXT_Buffer)
int main(void)
{
    u8 key;
    u16 i=0;
    u8 datatemp[SIZE];
    u32 FLASH_SIZE;
    delay_init();
    NVIC_PriorityGroupConfig(NVIC_PriorityGroup_2);
    uart_init(115200);
    LED_Init();
    LCD_Init();
    KEY_Init();
    W25QXX_Init();
    POINT_COLOR=RED;
    LCD_ShowString(30,50,200,16,16,"STM32");
    LCD_ShowString(30,70,200,16,16,"SPITEST");
    LCD_ShowString(30,90,200,16,16,"ATOM@");
    LCD_ShowString(30,110,200,16,16,"2015/1/15");
    LCD_ShowString(30,130,200,16,16,"KEY1:Write KEY0:Read");
    while(W25QXX_ReadID()!=W25Q128)
    {
        LCD_ShowString(30,150,200,16,16,"W25Q128CheckFailed!");
        delay_ms(500);
        LCD_ShowString(30,150,200,16,16,"Please Check!");
        delay_ms(500);
        LED0=!LED0;
    }
    LCD_ShowString(30,150,200,16,16,"W25Q128 Ready!");
    FLASH_SIZE=128*1024*1024;
    POINT_COLOR=BLUE;
    while(1)
    {
        key=KEY_Scan(0);
        if(key==KEY1_PRES)
```

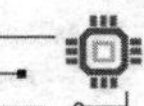

```
{
    LCD_Fill(0,170,239,319,WHITE);
    LCD_ShowString(30,170,200,16,16,"Start Write W25Q128....");
    W25QXX_Write((u8*)TEXT_Buffer,FLASH_SIZE-100,SIZE);
    LCD_ShowString(30,170,200,16,16,"W25Q128 Write Finished!");
}
if(key==KEY0_PRES)
{
    LCD_ShowString(30,170,200,16,16,"Start Read W25Q128....");
    W25QXX_Read(datatemp,FLASH_SIZE-100,SIZE);
    LCD_ShowString(30,170,200,16,16,"The Data Readed Is:");
    LCD_ShowString(30,190,200,16,16,datatemp);
}
    i++;
    delay_ms(10);
    if(i==20)
    {
        LED0=!LED0;
        i=0;
    }
  }
}
```

6.5 STM32 单片机和 IIC 通信原理及实例

本节将介绍如何利用 STM32 单片机的普通 I/O 端口模拟 IIC 时序，并实现和 24C02 之间的双向通信。利用 STM32 单片机的普通 I/O 端口模拟 IIC 时序，来实现 24C02 的读写，并将结果显示在 TFTLCD 模块上。

6.5.1 原理详解

IIC（inter - integrated circuit）总线是一种由 PHILIPS 公司开发的两线式串行总线，用于连接微控制器及其外围设备。它是由数据线 SDA 和时钟 SCL 构成的串行总线，可发送和接收数据。在 CPU 与被控 IC 之间、IC 与 IC 之间进行双向传送，高速 IIC 总线一般可达 400kbit/s 以上。I2C 总线在传送数据过程中共有三种类型信号：开始信号、结束信号和应答信号。

开始信号：SCL 为高电平时，SDA 由高电平向低电平跳变，开始传送数据。

结束信号：SCL 为高电平时，SDA 由低电平向高电平跳变，结束传送数据。

应答信号：接收数据的 IC 在接收到 8bit 数据后，向发送数据的 IC 发出特定的低电平脉冲，表示已收到数据。CPU 向受控单元发出一个信号后，等待受控单元发出一个应答信号，CPU 接收到应答信号后，根据实际情况作出是否继续传递信号的判断。若未收到应答信号，则判断为受控单元出现故障。

这些信号中，开始信号是必需的，结束信号和应答信号都可以不要。IIC总线时序图如图6.7所示。

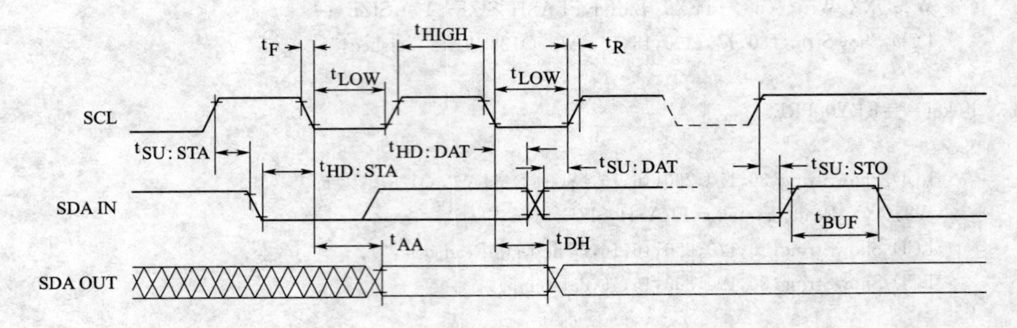

图6.7 IIC总线时序图

本节以AT24C02芯片为例。该芯片的总容量是256个字节，该芯片通过IIC总线与外部连接，通过STM32来实现24C02的读写。

目前大部分MCU都带有IIC总线接口，STM32也不例外。但是暂时不使用STM32的硬件IIC来读写24C02，而是通过软件模拟。STM32的硬件IIC非常复杂，并且不稳定，故不推荐使用。

6.5.2 软件设计

iic.c文件代码如下：

```
#include"iic.h"
#include"delay.h"
void IIC_Init(void)
{
GPIO_InitTypeDef GPIO_InitStructure;
RCC_APB2PeriphClockCmd(RCC_APB2Periph_GPIOB,ENABLE);
GPIO_InitStructure.GPIO_Pin=GPIO_Pin_6|GPIO_Pin_7;
GPIO_InitStructure.GPIO_Mode=GPIO_Mode_Out_PP;
GPIO_InitStructure.GPIO_Speed=GPIO_Speed_50MHz;
GPIO_Init(GPIOB,&GPIO_InitStructure);
GPIO_SetBits(GPIOB,GPIO_Pin_6|GPIO_Pin_7);
}
void IIC_Start(void)
{
SDA_OUT();
IIC_SDA=1;
IIC_SCL=1;
delay_us(4);
IIC_SDA=0;
delay_us(4);
```

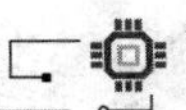

```
IIC_SCL=0;
}
void IIC_Stop(void)
{
SDA_OUT();
IIC_SCL=0;
IIC_SDA=0;
delay_us(4);
IIC_SCL=1;
IIC_SDA=1;
delay_us(4);
}
u8 IIC_Wait_Ack(void)
{
u8 ucErrTime=0;
SDA_IN();
IIC_SDA=1;delay_us(1);
IIC_SCL=1;delay_us(1);
while(READ_SDA)
{
    ucErrTime++;
    if(ucErrTime>250)
    {
        IIC_Stop();
        Return 1;
    }
}
IIC_SCL=0;
return 0;
}
void IIC_Ack(void)
{
IIC_SCL=0;
SDA_OUT();
IIC_SDA=0;
delay_us(2);
IIC_SCL=1;
delay_us(2);
IIC_SCL=0;
}
void IIC_NAck(void)
{
IIC_SCL=0;
SDA_OUT();
```

```
IIC_SDA=1;
delay_us(2);
IIC_SCL=1;
delay_us(2);
IIC_SCL=0;
}
void IIC_Send_Byte(u8 txd)
{
u8 t;
SDA_OUT();
IIC_SCL=0;
for(t=0;t<8;t++)
{
    IIC_SDA=(txd&0x80)>>7;
    txd<<=1;
    delay_us(2);
    IIC_SCL=1;
    delay_us(2);
    IIC_SCL=0;
    delay_us(2);
}
}
u8 IIC_Read_Byte(unsigned char ack)
{
unsigned char i,receive=0;
SDA_IN();
for(i=0;i<8;i++)
{
    IIC_SCL=0;
    delay_us(2);
    IIC_SCL=1;
    receive<<=1;
    if(READ_SDA)receive++;
    delay_us(1);
}
if(! ack)
IIC_NAck();
else
IIC_Ack();
return receive;
}
```

该部分为 IIC 驱动代码，实现包括 IIC 的初始化（I/O 端口）、IIC 开始、IIC 结束、ACK、IIC 读写等功能，在其他函数里面，只需要调用相关的 IIC 函数就可以实现和外部

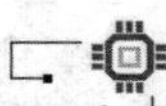

IIC 器件通信，这里并不局限于 24C02，该段代码可以用在任何 IIC 设备上。

24cxx.c 文件代码如下：

```
#include"24cxx.h"
#include"delay.h"
void AT24CXX_Init(void)
{
IIC_Init();
}
u8 AT24CXX_ReadOneByte(u16 ReadAddr)
{
u8 temp=0;
IIC_Start();
if(EE_TYPE>AT24C16)
{
    IIC_Send_Byte(0XA0);
    IIC_Wait_Ack();
    IIC_Send_Byte(ReadAddr>>8);
}
else IIC_Send_Byte(0XA0+((ReadAddr/256)<<1));
IIC_Wait_Ack();
IIC_Send_Byte(ReadAddr%256);
IIC_Wait_Ack();
IIC_Start();
IIC_Send_Byte(0XA1);
IIC_Wait_Ack();
temp=IIC_Read_Byte(0);
IIC_Stop();
return temp;
}
void AT24CXX_WriteOneByte(u16 WriteAddr,u8 DataToWrite)
{
IIC_Start();
if(EE_TYPE>AT24C16)
{
    IIC_Send_Byte(0XA0);
    IIC_Wait_Ack();
    IIC_Send_Byte(WriteAddr>>8);//发送高地址
}
else IIC_Send_Byte(0XA0+((WriteAddr/256)<<1));
IIC_Wait_Ack();
IIC_Send_Byte(WriteAddr%256);
IIC_Wait_Ack();
IIC_Send_Byte(DataToWrite);
```

```
IIC_Wait_Ack();
IIC_Stop();
delay_ms(10);
}
void AT24CXX_WriteLenByte(u16 WriteAddr,u32 DataToWrite,u8 Len)
{
u8 t;
for(t=0;t<Len;t++)
{
    AT24CXX_WriteOneByte(WriteAddr+t,(DataToWrite>>(8*t))&0xff);
}
}
u32 AT24CXX_ReadLenByte(u16 ReadAddr,u8 Len)
{
u8 t;
u32 temp=0;
for(t=0;t<Len;t++)
{
    temp<<=8;
    temp+=AT24CXX_ReadOneByte(ReadAddr+Len-t-1);
}
Return temp;
}
u8 AT24CXX_Check(void)
{
u8 temp;
temp=AT24CXX_ReadOneByte(255);
if(temp==0X55)return0;
else
{
    AT24CXX_WriteOneByte(255,0X55);
    temp=AT24CXX_ReadOneByte(255);
    if(temp==0X55)return 0;
}
return 1;
}
void AT24CXX_Read(u16 ReadAddr,u8*pBuffer,u16 NumToRead)
{
while(NumToRead)
{
    *pBuffer++=AT24CXX_ReadOneByte(ReadAddr++);
    NumToRead--;
}
}
```

```
void AT24CXX_Write(u16 WriteAddr,u8* pBuffer,u16 NumToWrite)
{
while(NumToWrite--)
{
    AT24CXX_WriteOneByte(WriteAddr,*pBuffer);
    WriteAddr++;
    pBuffer++;
}
}
```

第7章　嵌入式系统开发详解

7.1　嵌入式系统基础知识

7.1.1　嵌入或系统定义

7.1.1.1　嵌入式系统的概述

嵌入式系统是以应用为中心，以计算机技术为基础，软硬件可剪裁，适应应用系统对功能、成本、体积、可靠性、功耗严格要求的计算机系统。这是一种多数人比较认可的定义。

7.1.1.2　嵌入式系统的特点

1. 专用、软/硬件可裁剪、可配置

嵌入式系统是面向应用的，它和通用系统最大的区别在于嵌入式系统功能专一。根据这个特性，嵌入式系统的软、硬件可以根据需要进行精心设计、量体裁衣、去除冗余，以实现低成本、高性能。也正因如此，嵌入式系统采用的微处理器和外围设备种类繁多，系统不具通用性。

2. 低功耗、高可靠性、高稳定性

嵌入式系统大多用在特定场合，或环境条件恶劣，或要求其长时间连续运转，因此嵌入式系统应具有高可靠性、高稳定性、低功耗等特点。

3. 软件代码短小精悍

由于成本和应用场合的特殊性，通常嵌入式系统的硬件资源（如内存等）都比较少，因此对嵌入式系统设计也提出了较高的要求。嵌入式系统的软件设计对质量要求尤其高，要在有限的资源上实现高可靠性、高性能的系统。虽然随着硬件技术的发展和成本的降低，在高端嵌入式产品上也开始采用嵌入式操作系统，但与PC资源比起来还是少得可怜，所以嵌入式系统的软件代码依然要在保证性能的情况下，占用尽量少的资源，保证产品的高性价比，使其具有更强的竞争力。

4. 代码可固化

为了提高执行速度和系统可靠性，嵌入式系统中的软件一般都固化在存储器芯片或单

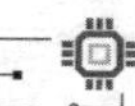

片机本身中，而不是存储于磁盘中。

5. 实时性

很多采用嵌入式系统的应用具有实时性要求，所以大多嵌入式系统采用实时性系统。但需要注意的是，嵌入式系统不等于实时系统。

6. 弱交互性

嵌入式系统不仅功能强大，而且要求使用灵活方便，一般不需要键盘、鼠标等。人机交互以简单方便为主。

7. 嵌入式系统软件开发通常需要专门的开发工具和开发环境

在开发一个嵌入式系统时，需要事先搭建开发环境及开发系统，如进行 ARM 编程时，需要安装特定的 IDE，如 MDK、IAR 等，如果需要交叉编译时，除了特定的宿主系统外，还要有目标交叉工具链，之所以这样是因为嵌入式系统不具有像通用系统一样的单一性，它具有多样性，因此，不同的目标就要为其准备不同的开发环境。

7.1.1.3 嵌入式系统的发展

1. 嵌入式系统主要经历的 4 个阶段

第 1 阶段是以单芯片为核心的可编程控制器形式的系统。这类系统大部分应用于一些专业性强的工业控制系统中，一般没有操作系统的支持，软件通过汇编语言编写。这一阶段系统的主要特点是：系统结构和功能相对单一，处理效率较低，存储容量较小，几乎没有用户接口。由于这种嵌入式系统使用简单、价格低，因此以前在国内工业领域应用较为普遍，但是现在已经远不能适应高效的、需要大容量存储的现代工业控制和新兴信息家电等领域的需求。

第 2 阶段是以嵌入式中央处理器（CPU）为基础、以简单操作系统为核心的嵌入式系统。其主要特点是：CPU 种类繁多，通用性比较弱；系统开销小，效率高；操作系统具备一定的兼容性和扩展性；应用软件较专业化，用户界面不够友好。

第 3 阶段是以嵌入式操作系统为标志的嵌入式系统。其主要特点是：嵌入式操作系统能运行于各种不同类型的微处理器上，兼容性好；操作系统内核小、效率高，并且具有高度的模块化和扩展性；具备文件和目录管理，支持多任务，支持网络应用，具备图形窗口和用户界面；具有大量的应用程序接口（API），开发应用程序较简单；嵌入式应用软件丰富。

第 4 阶段是以物联网为标志的嵌入式系统。这是一个正在迅速发展的技术。物联网拥有业界最完整的专业物联产品系列，覆盖从传感器、控制器到云计算的各种应用。物联网一方面可以提高经济效益，大大节约成本；另一方面可以为全球经济的复苏提供技术动力。目前，美国、欧盟等都在投入巨资深入研究探索物联网。我国也正在高度关注、重视物联网的研究，工业和信息化部会同有关部门，在新一代信息技术方面正在开展研究，以形成支持新一代信息技术发展的政策措施。

2. 未来嵌入式系统的发展趋势

（1）小型化、智能化、网络化、可视化。随着技术水平的提高和人们生活的需要，嵌入式设备正朝着小型化、便携式和智能化的方向发展。如果携带笔记本电脑外出办事，肯定希望它轻薄小巧，甚至可能希望有一种更便携的设备来替代它，目前的平板电脑、智能手机，便携投影仪等都是应类似的需求而出现的设备。对嵌入式而言，可以说已经进入了嵌入式互联网时代（有线网、无线网、广域网、局域网的组合），嵌入式设备和互联网的紧密结合，更为人们的日常生活带来了极大的方便和无限的想象空间。除此之外，人工智能、模式识别技术也将在嵌入式系统中得到应用，使得嵌入式系统更具人性化、智能化。

（2）多核技术的应用。人们需要处理的信息越来越多，这就要求嵌入式设备运算能力更强，因此需要设计出更强大的嵌入式处理器，多核技术处理器在嵌入式中的应用将更为普遍。

（3）低功耗（节能）、绿色环保。嵌入式系统的硬件和软件设计都在追求更低的功耗，以求嵌入式系统能获得更长的可靠工作时间。例如：更长的手机的通话和待机时间、mp3听音乐的时间等。同时，绿色环保型嵌入式产品将更受人们青睐，在嵌入式系统设计中也会更多地考虑如辐射和静电等问题。

（4）云计算、可重构、虚拟化等技术被进一步应用到嵌入式系统中。简单来讲，云计算是将计算分布在大量的分布式计算机上，这样只需要一个终端，就可以通过网络服务来实现我们需要的计算任务，甚至是超级计算任务。云计算（Cloud Computing）是分布式处理（Distributed Computing）、并行处理（Parallel Computing）和网格计算（Grid Computing）的发展，或者说是这些计算机科学概念的商业实现。在未来几年里，云计算将得到进一步发展与应用。可重构性是指在一个系统中，其硬件模块或（和）软件模块均能根据变化的数据流或控制流对系统结构和算法进行重新配置（或重新设置）。可重构系统最突出的优点就是能够根据不同的应用需求，改变自身的体系结构，以便与具体的应用需求相匹配。虚拟化是指计算机软件在一个虚拟的平台上而不是真实的硬件上运行。虚拟化技术可以简化软件的重新配置过程，易于实现软件的标准化。其中CPU的虚拟化可以单CPU模拟多CPU并行运行，允许一个平台同时运行多个操作系统，并且都可以在相互独立的空间内运行而互不影响，从而提高工作效率和安全性，虚拟化技术是降低多内核处理器系统开发成本的关键。虚拟化技术是未来几年最值得期待和关注的关键技术之一。随着各种技术的成熟与在嵌入式系统中的应用，将不断为嵌入式系统增添新的魅力和发展空间。

（5）嵌入式软件走向开发平台化、标准化，系统可升级、代码可复用将更受重视。嵌入式操作系统将进一步走向开放、开源、标准化、组件化。嵌入式软件开发平台化也将是今后的一个趋势，越来越多的嵌入式软/硬件行业标准将出现，最终的目标是使嵌入式软件开发简单化，这也是一个必然规律。同时随着系统复杂度的提高，系统可升级和代码复用技术在嵌入式系统中将得到更多的应用。

（6）嵌入式系统软件将逐渐PC化。需求和网络技术的发展是嵌入式系统发展的一个源动力，随着移动互联网的发展，将进一步促进嵌入式系统软件PC化。结合跨平台开发语言的广泛应用，未来嵌入式软件开发的概念将被逐渐淡化，也就是嵌入式软件开发和非嵌入式软件开发的区别将逐渐减小。

（7）融合趋势。嵌入式系统软/硬件融合、产品功能融合、嵌入式设备和互联网的融合趋势加剧。嵌入式系统设计中软/硬件结合将更加紧密，软件将是其核心。消费类产品将在运算能力和便携方面进一步融合。传感器网络将迅速发展，其将极大地促进嵌入式技术和互联网技术的融合。

（8）安全性。随着嵌入式技术和互联网技术的结合发展，嵌入式系统的信息安全问题

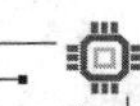

日益凸显，保证信息安全也成为嵌入式系统开发的重点和难点。

7.1.2 嵌入式系统的组成

嵌入式系统总体上是由硬件和软件组成的，硬件是基础，软件是核心与灵魂。它们之间的关系如图 7.1 所示。

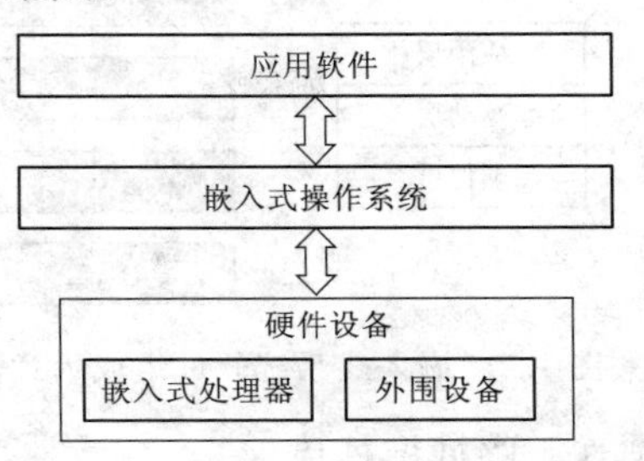

图 7.1 嵌入式系统结构简图

7.1.2.1 嵌入式系统硬件组成

嵌入式系统硬件设备包括嵌入式处理器和外围设备。其中的嵌入式处理器（CPU）是嵌入式系统的核心部分，它与通用处理器最大的区别在于，嵌入式处理器大多工作在为特定用户群所专门设计的系统中，它将通用处理器中许多由板卡完成的任务集成到芯片内部，从而有利于嵌入式系统在设计时趋于小型化，同时还具有很高的效率和可靠性。如今，全世界嵌入式处理器已经超过 1000 多种，流行的体系结构有 30 多个系列，其中以 ARM、PowerPC、MC 68000、MIPS 等使用最为广泛。

外围设备是嵌入式系统中用于完成存储、通信、调试、显示等辅助功能的其他部件。目前常用的嵌入式外围设备按功能可以分为存储设备（如 RAM、SRAM、Flash 等）、通信设备（如 RS-232 接口、SPI 接口、以太网接口等）和显示设备（如显示屏等）3 类。常见存储器概念包括：RAM、ROM、SRAM、DRAM、SDRAM、EPROM、EEPROM、Flash。存储器可以分为很多种类，根据掉电数据是否丢失可以分为 RAM（随机存取存储器）和 ROM（只读存储器），其中 RAM 的访问速度比较快，但掉电后数据会丢失，而 ROM 掉电后数据不会丢失。人们通常所说的内存即指系统中的 RAM。RAM 又可分为 SRAM（静态存储器）和 DRAM（动态存储器）。SRAM 是利用双稳态触发器来保存信息的，只要不掉电，信息是不会丢失的。DRAM 是利用 MOS（金属氧化物半导体）电容存储电荷来存储信息，因此必须通过不停地给电容充电来维持信息，所以 DRAM 的成本、集成度、功耗等明显优于 SRAM。通常人们所说的 SDRAM 是 DRAM 的一种，它是利用一个单一的系统时钟同步所有的地址数据和控制信号的同步动态存储器。使用 SDRAM 不但能提高系统表现，还能简化设计，提供高速的数据传输，在嵌入式系统中经常使用。EPROM、EEPROM 都是 ROM 的一种，分别为可擦除可编程 ROM 和电可擦除 ROM，但使用不是很方便。Flash 也是一种非易失性存储器（掉电不会丢失），它擦写方便，访问速度快，已在很大程度上取代了传统的 EPROM 的地位。由于它和 ROM 一样具有掉电不会丢失的特性，因此很多人称其为 Flash ROM。

7.1.2.2 嵌入式系统软件组成

在嵌入式系统不同的应用领域和不同的发展阶段，嵌入式系统软件组成也不完全相同，其大致如图 7.2 所示。

图 7.2 左侧显示，在某些特殊领域中，嵌入式系统软件没有使用通用计算机系统。嵌入式操作系统从嵌入式发展的第 3 阶段起开始引入。嵌入式操作系统不仅具有通用操作系统的一般功能，如向上提供对用户的接口（如图形界面、库函数 API 等）、向下提供与硬件设备交互的接口（硬件驱动程序等）、管理复杂的系统资源，同时，它还在系统实时性、

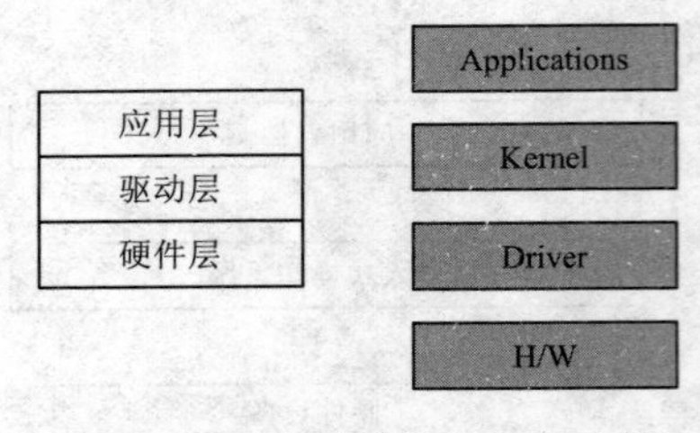

图 7.2　嵌入式系统软件组成示意图

硬件依赖性、软件固化性及应用专用性等方面具有更加鲜明的特点。

应用软件是针对特定应用领域，基于某一固定的硬件平台，用来达到用户预期目标的计算机软件。由于嵌入式系统自身的特点，决定了嵌入式应用软件不仅要求做到准确性、安全性和稳定性等方面需要，而且还要尽可能地进行代码优化，以减少对系统资源的消耗，降低硬件成本。

7.2　嵌入式系统举例

嵌入式操作系统主要有商业版和开源版两大阵营，从长远看，嵌入式系统开源、开放将是其发展趋势。

7.2.1　商业版嵌入式操作系统

VxWorks 是商业版嵌入式操作系统的典型代表。VxWorks 操作系统是美国 WindRiver 公司于 1983 年设计开发的一种嵌入式实时操作系统（RTOS），它是在当前市场占有率最高的嵌入式实时操作系统。VxWorks 的实时性做得非常好，其系统本身的开销很小，进程调度、进程间通信、中断处理等系统公用程序精练而有效，使得它们造成的延迟很短。另外，VxWorks 提供的多任务机制，对任务的控制采用了优先级抢占（Linux 2.6 内核也采用了优先级抢占的机制）和轮转调度机制，这充分保证了可靠的实时性，并使同样的硬件配置能满足更强的实时性要求。另外 VxWorks 具有高度的可靠性，从而保证了用户工作环境的稳定。同时，VxWorks 还有很完备强大的集成开发环境，这也大大方便了用户的使用。但是，由于 VxWorks 的开发和使用都需要交高额的专利费，因此大大增加了用户的开发成本。其次，由于 VxWorks 的源码不公开，造成了它部分功能的更新（如网络功能模块）滞后。

7.2.2　开源版嵌入式操作系统

嵌入式 Linux（Embedded Linux）是开源版嵌入式操作系统的典型。嵌入式 Linux 是指对标准 Linux 经过小型化裁剪处理之后，能够固化在容量只有几千字节（KB）或者几兆字节（MB）的存储器芯片或者单片机中，是适合于特定嵌入式应用场合的专用 Linux 操作系统。在目前已经开发成功的嵌入式系统中，大约有一半使用的是 Linux。这与它自身的优良特性是分不开的。

嵌入式 Linux 同 Linux 一样，具有低成本、多种硬件平台支持、优异的性能和良好的网络支持等优点。另外，为了更好地适应嵌入式领域的开发，嵌入式 Linux 还在 Linux 基础上做了部分改进。

7.2.2.1　改善的内核结构

Linux 内核采用的是整体式结构（Monolithic），整个内核是一个单独的、非常大的程序，这样虽然能够使系统的各个部分直接沟通，提高系统响应速度，但与嵌入式系统存储

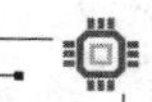

容量小、资源有限的特点不相符。因此，在嵌入式系统中经常采用的是另一种称为微内核（Microkernel）的体系结构，即内核本身只提供一些最基本的操作系统功能，如任务调度、内存管理、中断处理等，而类似于文件系统和网络协议等附加功能则运行在用户空间中，并且可以根据实际需要进行取舍。这样就大大减小了内核的体积，便于维护和移植。

7.2.2.2 提高的系统实时性

由于现有的 Linux 是一个通用的操作系统，虽然它也采用了许多技术来加快系统的运行和响应速度，但从本质上来说它并不是一个嵌入式实时操作系统。因此，人们利用 Linux 作为底层操作系统，在其上进行实时化改造，从而构建出一个具有实时处理能力的嵌入式系统，如 RT－Linux 已经成功地应用于航天飞机的空间数据采集、科学仪器测控和电影特技图像处理等各种领域。

7.2.3 嵌入式系统开发概述

由于受嵌入式系统本身的特性所影响，嵌入式系统开发与通用系统的开发有很大的区别。嵌入式系统的开发主要分为系统总体开发、嵌入式硬件开发和嵌入式软件开发三大部分，其总体流程图如图 7.3 所示。

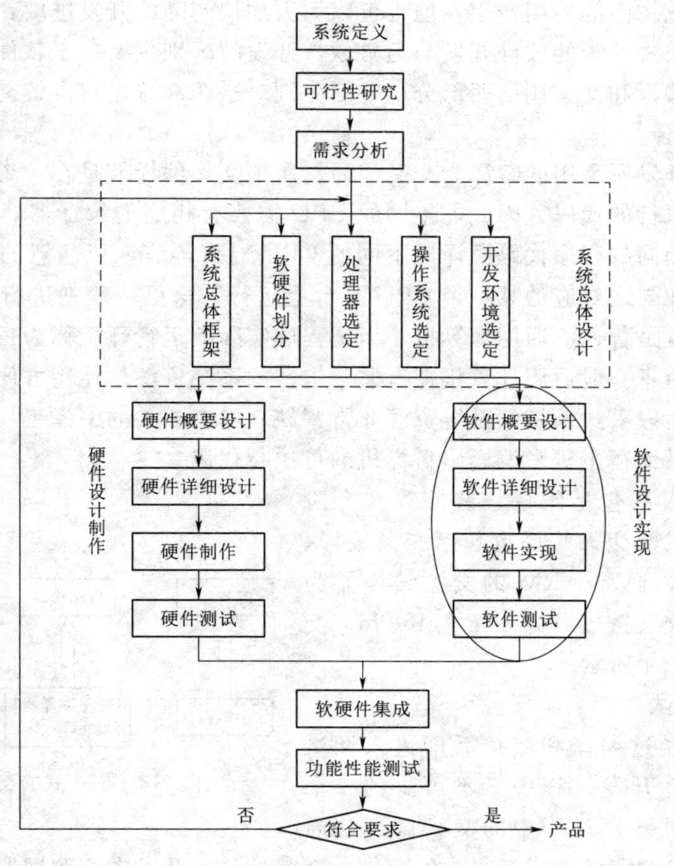

图 7.3 嵌入式系统开发流程图

在系统总体开发中，由于嵌入式系统与硬件依赖程序非常紧密，往往某些需求只能通过特定的硬件才能实现，因此需要进行处理器选型，以更好地满足产品的需求。另外，对于有些硬件和软件都可以实现的功能，就需要在成本和性能上做出选择。通过硬件实现往往会增加产品的成本，但能大大提高产品的性能和可靠性。再次，开发环境的选择对于嵌入式系统的开发也有很大的影响。这里的开发环境包括嵌入式操作系统的选择及开发工具的选择等。比如，对开发成本和进度限制较大的产品可以选择嵌入式 Linux，对实时性要求非常高的产品可以选择 VxWorks 等。它同通用计算机软件开发一样，分为需求分析、软件概要设计、软件详细设计、软件实现和软件测试。其中嵌入式软件需求分析与硬件的需求分析合二为一，故没有分开画出。由于在嵌入式软件开发的工具非常多，为了更好地帮助读者选择开发工具，下面首先对嵌入式软件开发过程中所使用的工具进行简单归纳。

嵌入式软件的开发工具根据不同的开发过程而划分，比如在需求分析阶段，可以选择 BM 的 Rational Rose 等软件，而在程序开发阶段可以采用 CodeWarrior 等，在调试阶段可以采用 Multi - ICE 等。同时，不同的嵌入式操作系统往往会有配套的开发工具，如 VxWorks 有集成开发环境 Tornado，WinCE 的集成开发环境 WinCE Platform 等。此外，不同的处理器可能还有针对的开发工具，如 ARM 的常用集成开发工具 ADS 等。在这里，大多数软件都有比较高的使用费用，但也可以大大加快产品的开发进度，用户可以根据需求自行选择。嵌入式系统的软件开发与通常软件开发的区别主要在于软件实现部分，其中又可以分为交叉编译和交叉调试两部分，下面分别对这两部分进行讲解。

7.2.3.1　交叉编译

嵌入式软件开发所采用的编译为交叉编译。所谓交叉编译就是在一个平台上生成可以在另一个平台上执行的代码。因此，不同的 CPU 需要有相应的编译器，而交叉编译就如同翻译一样，把相同的程序代码翻译成不同的 CPU 对应语言。要注意的是，编译器本身也是程序，也要在与之对应的某一个 CPU 平台上运行。这里一般把进行交叉编译的主机称为宿主机，也就是普通的通用计算机，而把程序实际的运行环境称为目标机，也就是嵌入式系统环境。由于一般通用计算机拥有非常丰富的系统资源、使用方便的集成开发环境和调试工具等，而嵌入式系统的系统资源非常紧缺，没有相关的编译工具，因此，嵌入式系统的开发需要借助宿主机来编译出目标机的可执行代码。

由于编译的过程包括编译、链接等几个阶段，因此，嵌入式的交叉编译也包括交叉编译、交叉链接等过程，通常 ARM 的交叉编译器为 arm - elf - gcc，交叉链接器为 arm - elf - ld，交叉编译过程如图 7.4 所示。

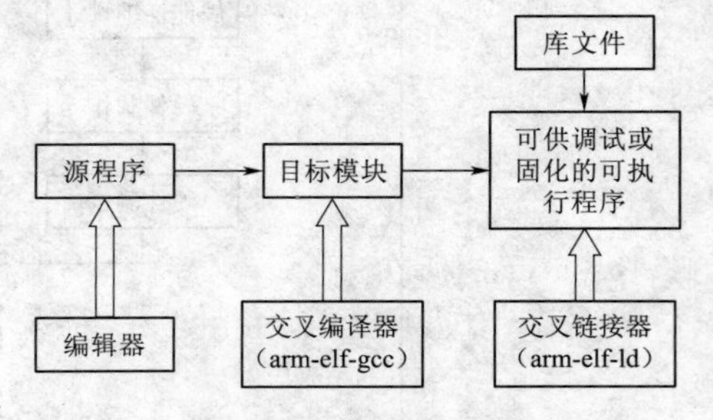

图 7.4　嵌入式交叉编译过程

7.2.3.2　交叉调试

嵌入式软件经过编译和链接后即进入调试阶段，调试是软件开发过程中必不可少的一个环节，嵌入式软件开发过程中的交叉调试与通用软件开发过程中的调试方式有很大的差别。在常见软件开发中，调试器与被调试的程序往往运行在同一台计算机上，调试器是一个单独运行的进程，它通过操作系统提供的调试

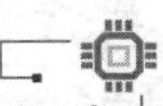

接口来控制被调试的进程。而在嵌入式软件开发中，调试时采用的是在宿主机和目标机之间进行的交叉调试，调试器仍然运行在宿主机的通用操作系统之上，但被调试的进程却是运行在基于特定硬件平台的嵌入式操作系统中，调试器和被调试进程通过串口或者网络进行通信，调试器可以控制、访问被调试进程，读取被调试进程的当前状态，并能够改变被调试进程的运行状态。

嵌入式系统的交叉调试有多种方法，主要可分为软件方式和硬件方式两种。它们一般都具有如下一些典型特点。

调试器和被调试进程运行在不同的机器上，调试器运行在 PC 或者工作站上（宿主机），而被调试的进程则运行在各种专业调试板上（目标机）。

调试器通过某种通信方式（串口、并口、网络、JTAG 等）控制被调试进程。

在目标机上一般会具备某种形式的调试代理，它负责与调试器共同配合完成对目标机上运行的进程进行调试。这种调试代理可能是某些支持调试功能的硬件设备，也可能是某些专门的调试软件（如 GdbServer）。

目标机可能是某种形式的系统仿真器，通过在宿主机上运行目标机的仿真软件，整个调试过程可以在一台计算机上运行。此时物理上虽然只有一台计算机，但逻辑上仍然存在着宿主机和目标机的区别。本节主要介绍软件调试。

软件方式调试主要是通过插入调试桩的方式来进行的。用调试桩方式进行调试是通过目标操作系统和调试器内分别加入某些功能模块，二者互通信息来进行调试。该方式的典型调试器有 Gdb 调试器。

Gdb 的交叉调试器分为 GdbServer 和 GdbClient，其中的 GdbServer 作为调试桩安装在目标板上，GdbClient 是驻于本地的 Gdb 调试器。它们的调试原理如图 7.5 所示。

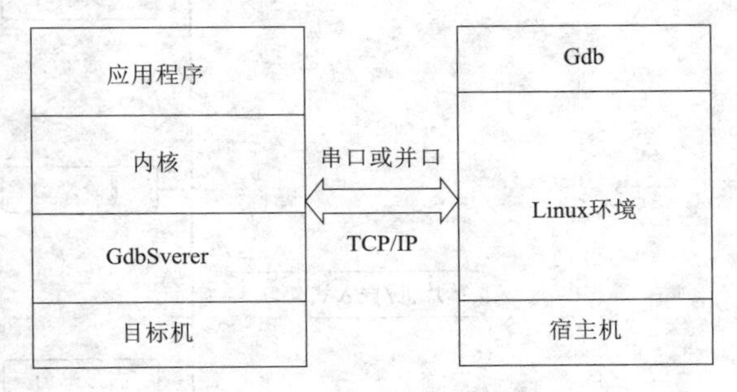

图 7.5 Gdb 远程调试原理图

Gdb 调试桩的工作流程如下。

（1）建立调试器（本地 Gdb）与目标操作系统的通信连接，可通过串口、网卡、并口等多种方式。

（2）在目标机上开启 GdbServer 进程，并监听对应端口。

（3）在宿主机上运行调试器 Gdb，这时，Gdb 就会自动寻找远端的通信进程，也就是 Gdbserver 的所在进程。

（4）在宿主机上的 Gdb 通过 GdbServer 请求对目标机上的程序发出控制命令。这时，Gdbserver 将请求转化为程序的地址空间或目标平台的某些寄存器的访问，这对于没有虚拟存储器的简单的嵌入式操作系统而言，是十分容易的。

（5）GdbServer 把目标操作系统的所有异常处理转向通信模块，并告知宿主机上 Gdb 当前异常。

（6）宿主机上的 Gdb 向用户显示被调试程序产生了哪一类异常。

这样就完成了调试的整个过程。这个方案的实质是用软件接管目标机的全部异常处理及部分中断处理，并在其中插入调试端口通信模块，与主机的调试器进行交互。但是它只能在目标机系统初始化完毕、调试通信端口初始化完成后才能起作用，因此，一般只能用于调试运行于目标操作系统之上的应用程序，而不宜用来调试目标操作系统的内核代码及启动代码。而且，它必须改变目标操作系统，因此，也就多了一个不用于正式发布的调试版。

7.3　单片机到嵌入式学习路线指南

由图 7.6 思维导图可知，单片机内容是嵌入式学习的重点。

作为初级单片机软件工程师，需掌握最核心的几点：

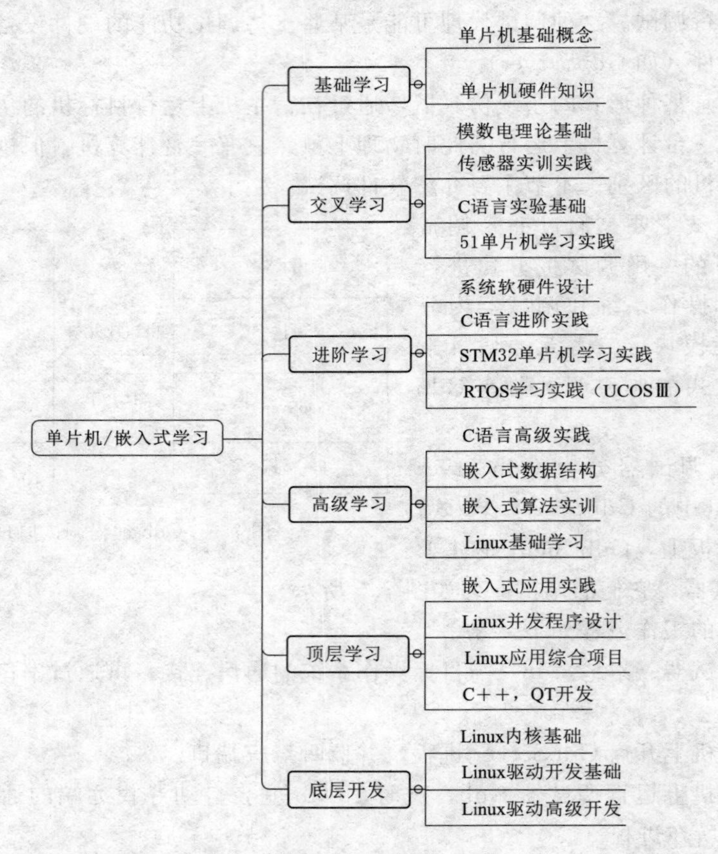

图 7.6　单片机嵌入式学习建议路线

- 单片机基础
- C 语言
- 51/STM32 单片机实践

单片机开发是 C 语言的基础和实践，C 语言是单片机开发的核心。

7.3.1 嵌入式基础学习

学习目的： 掌握单片机的基本概念，知道什么是单片机。

学习方法： 有开发实物，仔细观察单片机的外形，有多少引脚，引脚定义是什么？

学习内容：

- 单片机基础概念
- 单片机硬件知识

7.3.2 嵌入式交叉学习

学习目的：

推荐采用51单片机，因为51单片机的硬件比较简单，功能也不是很复杂，且对于I/O的操作很多例程融入了汇编，这对于理解编码和硬件的动作实现是非常直观的，很适合初学者理解。

学习方法：

了解基本的电气基础知识，熟悉模拟电子技术和数字电子技术。

学习C语言和单片机例程后，可以自已用51单片机做个简单的嵌入式作品。

学习内容：

- 模数电理论基础
- 传感器实训实践
- C语言实验基础
- 51单片机学习实践

7.3.3 嵌入式进阶学习

学习目的：

通过以上学习步骤，可进阶下一个阶段，可以使用STM32单片机进行开发，做到可以基本熟悉使用库函数编程。有余力的同学可以开始探索操作系统编程知识，操作系统是嵌入式实际开发项目的利器，也是难点所在。

学习方法：

STM32得益于其在国内的深度耕耘以及很多厂商培训班的普及，所以其学习资源非常多，就业的岗位也非常多，也是学习的重点。

学习内容：

- 简单系统软硬件设计
- C语言进阶实践
- STM32单片机学习实践
- RTOS学习实践（UCOSIII）

7.3.4 嵌入式高级学习

学习目的：

能熟练安装Linux系统，对Linux分区文件系统有深刻了解，知道每个目录的用处。

具有处理问题的能力，能解决用户应用环境需求，例如部署 apche 服务、mysql 服务等。能调整网络，设置防火墙，部署 Linux 环境下的监控。能编写 shell 脚本，独立完成计划任务备份数据等。

学习方法：

练习安装 Linux 系统，使用 vmware 或 vitualbox 虚拟化工具，装 Linux 虚拟机，下载 redhat \ ubuntu \ centos 最新版本并安装，这三大 linux 系统比较有代表性。了解文件系统和分区类型。熟悉各类命令，比如搭建一个用户登录服务器：创建账号，设置账号密码，创建磁盘配额，创建登录方式（telnet/ssh/vnc），用户的环境变量，创建 samba 共享，文件权限，等等。熟悉部署应用，可采用 apache、tomcat 或 WAMP 通过浏览器可以实现 web 节目。

学习内容：

- C 语言高级实践
- 嵌入式数据结构
- 嵌入式算法实训
- Linux 基础学习

7.3.5　嵌入式顶层学习

学习目标：

了解 Linux 的内核，各种版本、各种环境都能操作自如。熟悉运维、开发、架构各个环节的工作。由于 QT 跨平台的特性，可进阶学习 QT 应用。

学习方法：

尝试通过实训实践丰富和提高能力，比如用 nagios 设计和实现一个监控平台，监控 Linux、windows 系统性能、磁盘分区、服务，等等，通过后台的命令去配置。对于 GUI 的学习，首先要学好 C＋＋基础，其次，要会使用帮助，IDE（Qt Creator）一般都带有帮助文件；最后，要会看文档，文档里会包含全部的类和函数。

学习内容：

- 嵌入式应用实战
- Linux 并发程序设计
- Linux 应用综合项目
- C＋＋，QT 应用开发

7.3.6　嵌入式底层开发

学习目标：

了解操作系统基本概念，进而要了解 Linux 的机制，了解 Linux 底层开发，具体研究 Linux 内核源码。嵌入式设计使用 Linux 最重要是学习驱动开发，免不了要学习一些硬件的协议和资料，掌握硬件的工作原理。要学习 arm、mips 等芯片的体系架构的的资料，了解 CPU 的设计和工作方式。

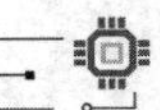

学习方法：

第一阶段：先形成整体轮廓，例如对 Linux 的进程、内存、I/O、驱动模型有一些基本的认识，尝写一些简单的内核模块，比如 hello - world 模块、globalmem、globalfifo 的字符驱动。第二阶段：在某个子系统（无论是进程、内存、I/O 还是驱动）从事工作，加新的功能，修 bug，发 patch，加深对知识的理解。第三阶段：当具备一定的经验时，可重新回来迭代整体的知识框架，搞清楚各个子系统内在的联系。

学习内容：

- Linux 内核基础
- Linux 驱动开发基础
- Linux 驱动高级开发

第8章　嵌入式系统设计和程序设计实例

8.1　视频监控项目

8.1.1　项目简介

随着计算机技术、微电子技术和网络技术的飞速发展，视频监控系统的发展经历了本地闭路电视监控系统、基于PC的多媒体监控系统、网络化视频监控系统3个阶段。由于嵌入式技术的发展，嵌入式微处理器具有可靠性高、灵活性强、成本低、体积小、实时性高等特点，将其应用到视频监控系统将会大大降低系统的成本，提高系统的稳定性，所以近年来越来越受到广大学术界和生产厂家的高度关注。

着眼视频监控网络化发展需求，计划开发一种基于ARM的远程视频监控系统。以ARM S3C2440嵌入式芯片为核心，设计了硬件系统的电源、以太网接口、JTAG接口、数据存储等主要模块的电路结构；以Linux为操作系统，利用VIde-o4Linux完成视频图像的采集，采用JPEG图像压缩技术实现视频的压缩处理，并用实时传输协议RTP实现对视频图像的封装和网络传输、控制。测试结果表明，该视频监控系统硬件结构小、功耗低、占用资源少，启动时间仅需20ms，网络实时视频图像传输速率达到25～30fps，实现了远程视频图像的实时网络化传输，具有一定的实用价值。

8.1.2　硬件总体结构

整个嵌入式视频监控系统的硬件总体结构如图8.1所示。

系统的核心处理器选用嵌入式微处理器ARM S3C2440，64M的SDRAM作为操作系统和应用程序运行的空间，FLASH保存系统所需的根文件系统和用户开发的应用软件程序。系统电源模块用5V直流电输入，输出3.3V和1.8V的直流电压。

8.1.2.1　以太网接口电路

系统通过以太网接口电路可实现与Internet网的灵活组网，选用CS8900作为嵌入式系统的核心，以太网接口控制器与ARM S3C2440的连接电路如图8.2所示。电路的工作方式为：系统需要发送数据包时，首先对网络进行侦听，如果网络繁忙，则进入等待状

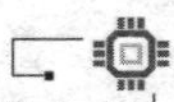

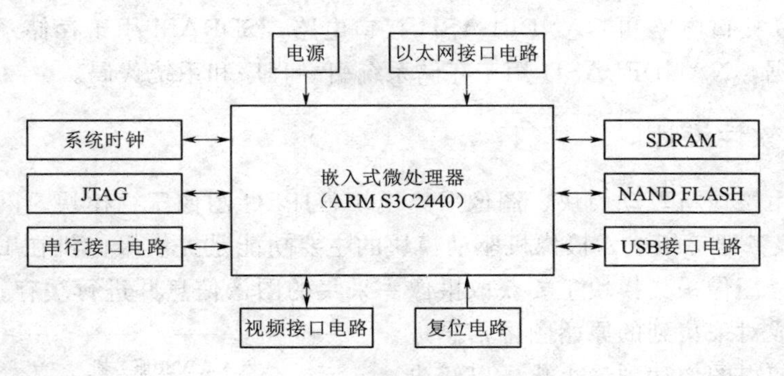

图 8.1 系统的硬件总体结构

态，等到网络线路空闲时，立即发送数据。在发送数据的过程中，芯片为数据添加以太网帧头，生成 CRC 校验码，然后将数据发送到以太网中。在接收数据的过程中，先对接收到的数据帧进行解码、去帧头、地址检验，然后将数据缓存到芯片内，等待 CRC 校验。通过校验后，CS8900 根据配置情况，将接收到的数据帧传送到系统存储器中。

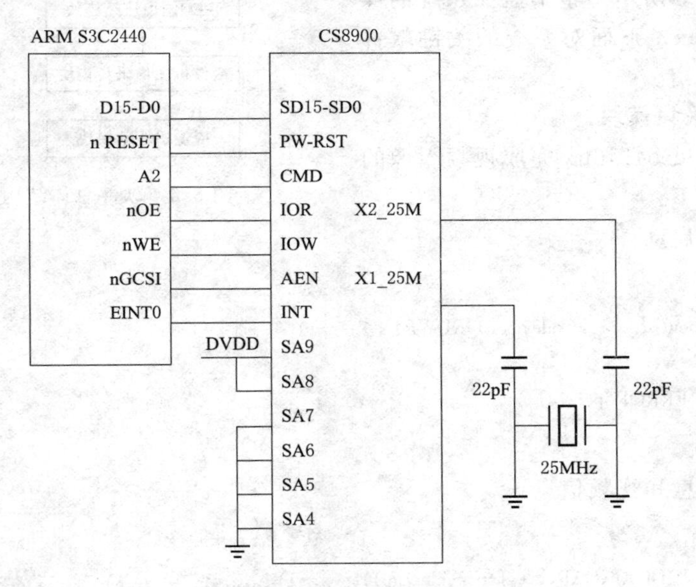

图 8.2 以太网接口电路

8.1.2.2 JTAG 接口电路

JTAG 是一种国际标准测试协议，主要用于芯片内部测试。标准的 JTAG 接口有 TMS、TCK、TDI 和 TDO 四线：TMS 为测试模式选择，用来设置 JTAG 接口的测试模式；TCK 为测试时钟输入；TDI 为测试数据输入；TDO 为测试数据输出。视频监控系统通过 JTAG 接口对 ARM 嵌入式系统进行仿真和调试，不需要使用任何片上资源和存储器，从而降低整个系统的成本。JTAG 接口有 14 针和 20 针两种标准，本系统选择 20 针接口标准。

8.1.2.3 数据存储电路

因为 ARM S3C2440 支持 NANDFLASH 启动引导代码，所以本系统设计了两种存储电路：SDRAM 接口电路和 NANDFLASH 接口电路，SDRAM 用于存储系统执行中的程序和产生的数据，NANDFLASH 用于存储系统引导程序和系统代码。

8.1.3　系统软件设计

系统软件由摄像机驱动模块、图像采集模块、JPEG 图像压缩模块、网络传输模块及嵌入式 WEB 服务器等组成。摄像机驱动模块的主要功能是提供摄像机在 Linux 操作系统下的驱动程序；图像采集模块主要获取摄像头采集的图像信息并进行缓存；JPEG 图像压缩模块主要完成对采集到的原始图像信息进行编码处理，使得图像达到最小化，以解决图像传输占用太多网络带宽的问题；网络传输模块主要提供图像传输协议；嵌入式 WEB 服务器主要通过 HTTP 协议与远程监控计算机端的浏览器进行信息交流。软件的总体结构如图 8.3 所示。整个监控系统的操作系统选用 Linux，下面对系统的关键软件模块进行详细介绍。

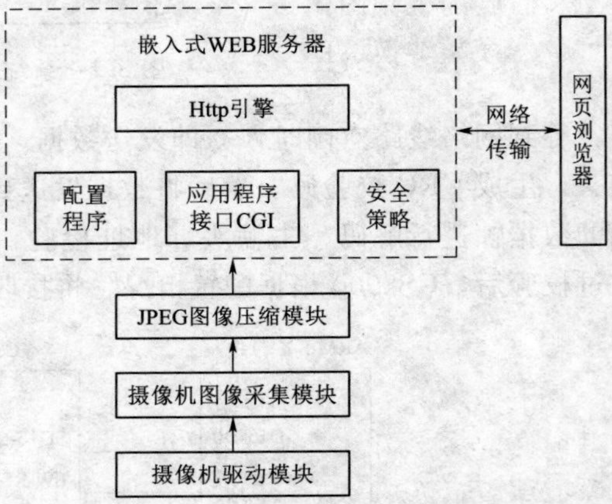

图 8.3　软件总体结构示意图

8.1.3.1　图像采集模块

系统采用 Video4Linux 完成视频图像的采集，其过程如下：

视频设备的启动：

```
StructdIn* vf
If((vF->fd=open(vf->videodevice,0_RDWR))==-1)
{
    Exit__fatal("ERROROpenV41")
}
```

获取图像信息和视频信息：

```
StructdIn* vf
If(ioctl(vf->fd,VIDIOCGCAP,&(vf->videocap))==-1)
{
    Exit__fatal("couldnotgetvideodevicecapability")
}
If(ioctl(vf->fd,VIDIOCGCAP,&(vf->videocap))<0)
{
    Exit__fatal("cannotgetH-VIDEOGPICT")
}
```

初始化采集窗口、颜色模式、帧状态：

```
vf->hdrwidth1=320
vf->hdrheight=240
```

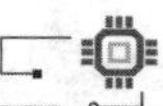

```
vf->fomatInl=format
```

捕捉视频帧数据：

```
read(videoIn,fd,videoIn,pFramebuffer,size)
```

关闭视频设备：

```
close(vf->fd);
```

8.1.3.2 JPEG图像压缩模块

将收到的视频图像进行JPEG格式压缩，压缩比选定为24∶1。其主要处理过程包括：色彩模型转换、DCT变换、重排DCT结果、量化、编码等。

(1) 色彩模型转换：由于JPEG只支持YUV格式数据，不支持GDB格式，所以在进行数据处理之前，要先进行数据格式的转换，具体的转化方法如下：

$$Y=0.299R+0.587G+0.114B$$

$$U=-0.169R-0.331G+0.5B$$

$$V=0.5R-0.4187G-0.0813B$$

其中，Y表示亮度，U和V表示颜色，R表示红色，G表示绿色，B表示黑色。转换数据后，进行图像采样，采样比例为2∶1∶1。由于采用隔行采样的方式，所以采样后的数据比原来减少1倍，图像的大小减少为原图像的1/2。

(2) DCT变换：DCT变换是使图像信号在频率域上进行相应的变化，从而分离出高频和低频信息，然后再对图像的高频部分进行压缩，从而使图像的数据信息得到压缩。具体过程为：首先将获取的图像划分为多个8×8的矩阵，然后对每个矩阵做DCT变换，得到图像的频率系数矩阵。

(3) 量化：量化的目的是把频率系数转化为整数，这是因为在变换过程中，产生的码数都是浮点数，只有进行量化才能进行后续的操作。在量化过程中，为了避免图像的失真，应选取合适的质量因子。质量因子的值越大，可以提高图像压缩的比率，但是会导致图像的质量比较差；反之，质量因子越小，图像重建质量越好，但是压缩比较低，会降低网络传输的速率。

(4) 编码：色彩模型转换、DCT变换和量化都是为图像编码做准备，通过编码实现图像传输压缩率的改变。编码可以采用两种机制：一种是基于0值的行程长度编码；另一种是熵编码。

8.1.4 视频图像的识别与跟踪

本节利用梯度优化方法减少特征搜索匹配的时间，实现对运动目标的快速识别和定位。把图像的颜色统计直方图作为整个视频搜索匹配的特征，利用Bhattacharyya距离作为目标模板和候选目标的相似性测度，完成视频图像特征的匹配。整个系统的图像识别与跟踪过程如下。

8.1.4.1 目标模板的表示

设$\{x_i\}, i=1,2,3,\cdots,n$是目标模板区域的像素位置，且目标模板的中心坐标为

O，定义核函数 $k(x)$，此函数是一个各向同性的、凸的和单调递减的函数，它的作用是给目标模板区域的像素设置权值，即远离目标模板中心的像素设置较小的权值，而靠近目标模板中心的像素设置较大的权值，这样可以提高目标图像的搜索能力。

定义 $b: R_2 \to \{1,2,\cdots,m\}$ 为图像 $x \times i$ 处的灰度值索引函数，用 $b(x \times i)$ 表示 $x \times i$ 处的像素灰度值。基于图像灰度特征 $u(u=1,2,\cdots,m)$ 的目标模板灰度概率函数为

$$Q_n = C\sum_{i=1}^{n} k(\| x_i \|^2)\delta[b(x_i) - u]$$

由于 $\sum_{i=1}^{m} q_n = 1$，所以可以得到归一化常数 C：

$$C = \frac{1}{\sum_{i=1}^{n} k(\| x_i \|^2)}$$

8.1.4.2 候选目标的表示

设 $\{x_i\}, i=1,2,3,\cdots,n_k$ 是候选目标区域的像素位置，在当前帧中以 y 为中心。设 $k(x)$ 表示尺度为 h 的核函数，基于图像灰度特征 $u(u=1,2,\cdots,m)$ 的候选目标颜色的概率函数为

$$P_u(y) = C_h \sum_{i=1}^{n_k} k(\| \frac{y - x_i}{h} \|^2)\delta[b(x_i) - u]$$

其中归一化常数 C 为

$$C_h = \frac{1}{\sum_{i=1}^{n_k} k(\| \frac{y - x_i}{h} \|^2)}$$

8.1.4.3 目标的相似性测度

通常情况下，把目标模板和候选目标之间的距离作为相似性测度函数，如下式表示：

$$d(y) = \sqrt{1 - p(y)}$$

$\hat{\rho}(y)$ 为目标模板分布其计算公式为

$$p(y) = p[p(y), q] = \sum_{u=1}^{m} \sqrt{p_u(y) q_n}$$

8.1.4.4 目标的识别与跟踪

为了在被检测的图像序列中识别和定位目标，须使目标模板分布 $\hat{q}_u$ 和候选目标分布 $\hat{p}_u(y)$ 的距离函数 $d(y)$ 最小化。识别目标的过程可以看成是从前一帧的目标模板 y_0 的位置开始，在其邻域内搜索目标的过程。由于距离函数的 $d(y)$ 是光滑的，所以利用 $d(y)$ 的梯度信息就可以完成目标的识别和定位。在一般情况下，由于视频图像的两帧之间的时间间隔很短，所以，可以保证候选目标与初始目标模板之间没有很剧烈的变化。利用均值偏移过程检测，从 y_0 处递归，可以计算出目标的新位置 y_1：

$$y_1=\frac{\sum_{i=1}^{n_k} x_i w_i g\left[\left\| \frac{y_0-x_i}{h} \right\|^2\right]}{\sum_{i=1}^{n_k} w_i g\left[\left\| \frac{y_0-x_i}{h} \right\|^2\right]}$$

8.1.5 系统测试与结果分析

8.1.5.1 测试环境的建立

系统软件的开发和调试采用交叉编译的方式，将装有 Linux 操作系统的 PC 机作为源机，以 ARMS3C2440 为核心的开发板为目标机，通过交叉编译器将程序代码在目标机上运行，实现对目标机的配置和控制。首先，源机通过 JTAG 接口把引导程序 BIOS 和 BootLoader 写入目标机，并完成硬件的初始化。其次，通过交叉编译完成对 ARMS3C2440 的内核和系统根文件的编译、配置和移植。最后，通过 C 语言编辑环境，完成图像采集模块、图像压缩模块、网络传输模块、图像识别与跟踪等模块的调试、编译和移植。

8.1.5.2 测试结果与分析

系统测试的参数为：视频制式为 NTSC，输出的视频数据流为 VES/IP 帧格式，视频数据比特率为 2Mbit/s，图像的大小为 320×240，视频参数设置为亮度 128、对比度 128、饱和度 128、色调 128，音频比特率为 256bit/s、帧频为 20。在远程监控计算机的 IE 浏览器中输入视频服务器的 IP 地址，便可实时显示监控现场的视频图像。同时，对整个视频监控系统的启动速度、运行速度、系统占用资源、实时视频传输速率等性能进行了测试。测试结果表明，系统的启动时间为 20ms，Linux 内核的大小约为 1M，系统根文件占用系统资源较少；视频采集、处理和传输程序占用 CPU 的占有率为 5%～10%，系统运行稳定可靠；视频图像经过压缩后，其传输速率从 4～5fps 提高到 25～30fps，达到了实时远程视频传输的目的。

8.2 自适应监控项目

8.2.1 项目简介

温度控制在很多领域都有市场需求，随着工业自动化水平的不断进步，电阻炉在工业生产加热和科学实验中广泛使用，对其温度进行准确可靠的控制在提高产量、节能减排和确保实验效果等方面具有十分重要的现实意义。然而，在实际应用中，电阻炉受时滞长、惯性大、扰动多等方面因素的影响，导致常规的温度控制系统无法对电阻炉的温度实施有效地控制，出现控制精度不高，动态响应特性较差等问题。

针对传统电阻炉温控系统受时滞长、惯性大和非线性等因素影响而普遍存在的超调量大和调节时间长等问题，设计了一种基于 ARM 的嵌入式自适应温度控制系统。采用基于神经网络的 PID 自适应控制器对温度进行准确控制，提出了模糊 Smith 预估补偿控制方法来消除纯滞后系统的超调并提高稳定性，并将该方法与传统 PID 和模糊 PID 的控制方法进行了比较。结果表明，该系统能够实现电阻炉温度的快速和准确控制，相对于其他两种方法，该方法在系统超调和调节时间方面有极大提高，增强了系统的稳健性，具有较好的工程应用前景。

8.2.2　系统构成和硬件设计

设计的电阻炉温度控制系统总体设计框图如图 8.4 所示，主要包含实时温度数据的 A/D 采集和液晶显示、制冷和加热装置以及驱动、上位机通讯模块、JTAG 调试接口、报警和复位设备、ARM 处理器等部分。

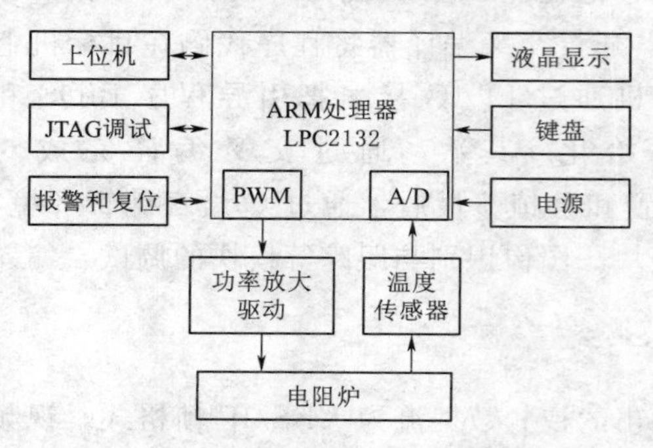

图 8.4　自适应温度控制总体结构示意图

ARM 处理器 LPC2132 是整个嵌入式温度控制系统的核心，它是一款 32 位的高性能微处理器，封装小、功耗低，带有 64kB 的 FLASH 存储功能，支持实时仿真和嵌入式跟踪，有多个 A/D 和 PWM 单元，在程序设计时支持 C 语言。

系统的温度感应装置包含了 K 型热电偶及相应的数模转换芯片 MAX6675。K 型热电偶的稳定性好，工作温度范围大，能够测量－200～1300℃的温度，MAX6675 的工作电压低，为 3.0～5.5V，具备 0.25℃的温度分辨率，其转换结果与温度测量值之间的线性关系较强，不需要单独进行线性化处理，变换关系为温度＝转换后数字量×1023.75/4095。系统的温度设定由键盘来实现，温度显示使用不需要驱动的 CMD520TT00－C1 型 LCD 来完成，其工作电压为 3.3V，能够直接与微处理器相连，可以显示实际温度和设定温度。

系统使用固态继电器来控制电路的连通和断开，具有较高的开关速度，一定程度上可以克服温度系统的惯性影响。由于 ARM 处理器具有 PWM 通道，利用输出的 PWM 方波，采用可控硅电路的开启来改变电阻丝的功率。将可控硅与电阻丝相连，通过光电耦合器实现数据输出，完成开关控制，实现加热和降温的目的。

8.2.3　系统软件设计和控制策略

电阻炉温度控制系统采用闭环控制方式，其工作原理是：首先将外部设定的温度值和温度传感器采集得到的温度测量值同时输送给 ARM 微处理器的控制部分，计算设定值与实际值的偏差，根据预先设计好的控制算法得到输出控制量，在一定周期内以开关形式输出 PWM 来控制电阻丝的通断电，从而将温度控制在目标值附近的一定范围内，并保持稳定。

基于 PID 控制的温控系统的离散算式可以表示为

$$u(k)=K_pe(k)+K_i\sum_{i=0}^{k}e(i)T+K_d\frac{e(k)-e(k-1)}{T}$$

式中　K_p、K_i 和 K_d——比例、积分和微分控制参数；

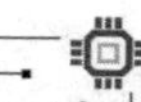

$u(k)$ 和 $e(k)$ ——系统在 k 时刻的输出和温度控制的偏差；

T——系统的采样周期。

单独利用PID控制器进行温度控制比较简单方便，但是要想得到较好的温控效果，必须调整好比例、积分和微分三个控制参数之间动态变化关系，神经网络可以通过自身强大的系统性能学习能力实现PID三个参数的最佳组合。因此，系统采用基于神经网络的PID自适应控制策略来解决电阻炉温控的非线性问题。作为系统自适应控制的核心，单神经元网络是一个多输入单输出的非线性单元，系统采用2×3×1的形式。首先，在前向传播阶段，使用系统的温度设定值和系统的输出反馈值作为神经网络的输入，以控制量作为神经网络的输出；在输入层，取设定值 $s(k)$ 和实际值 $y(k)$ 作为神经元的状态函数 v，即

$$v(k)=[s(k),y(k)]$$

在隐藏层，三个神经元分别完成比例、积分和微分运算。采用线性加权求和运算方式，即：

$$x_i(k)=\sum_{j=1}^{2}w_{ij}^{1}v_j(k)-\theta_i$$

式中 $\sum_{j=1}^{2}w_{ij}^{1}$ ——第 j 个输入到第 i 个神经元的权重；

θ_i——第 i 个神经元的阈值。

第 i 个神经元的输出为

$$q_i(k)=g(x_i(k))$$

在输出层，其输入为隐藏层到输出层的加权和，即

$$net_3(k)=\sum_{i=1}^{3}w_i^2q_i(k)$$

在误差反向传播阶段，采用递归梯度下降法式中

$$\varphi(s)=\frac{G_c(s)G_0(s)\mathrm{e}^{-Ts}}{1+G_c(s)[G_m(s)+G_0(s)\mathrm{e}^{-Ts}-G_m(s)\mathrm{e}^{-Ts}]}$$

只要 $G_0(s)=G_m(s)$ 和 $\tau=\tau_1$，就可以消除滞后环节对温控的影响。然而，该条件一般很难实现和满足。因此，考虑采用模糊控制的思想，使得补偿环节尽可能接近滞后环节。

根据模糊控制原理，考虑温度偏差 e 和温度偏差的变化量 ec 作为其输入变量，将其各分为7档 {NB，NM，NS，ZO，PS，PM，PB}，模糊Smith预估补偿控制需要建立模糊规则和选择模糊机理。在设计规则时需要考虑：如果温度偏差较大，模糊在线学习权重值。把设定值与实际值的偏差最小化作为训练学习的目标，可表示为

$$E(k)=\frac{1}{2}v^2(k)$$

从隐藏层到输出层的权重更新方程为

$$w_i^2(k+1)=w_i^2(k)+\eta^2\delta(k)q_i(k)$$

式中 η——隐藏层到输出层的权重学习步长。

δ 的表达式为

$$\delta=\operatorname{sign}\left[\frac{y_3(k)-y_3(k-1)}{x_i(k)-x_i(k-1)}\right]^*\left[y_3(k)-y_3(k-1)\right]$$

从输入层到隐藏层的权重更新方程是

$$w_{ij}^1(k+1)=w_{ij}^1(k)+\eta\delta_i^2(k)q_i(k)$$

基于神经网络的PID自适应控制根据温度设定值与温度实际值的偏差，利用上述规则进行自我学习和更新，不断调整权重值，使其达到最佳值，从而使整个系统具有自适应性，确保温度控制精度。

8.2.4 模糊Smith预估补偿控制

取控制器和被控对象的传递函数分别为 $G_c(s)$ 和 $G_0(s)$，整个系统的闭环传递函数可以表示为

$$\varphi(s)=\frac{G_c(s)G_0(s)\mathrm{e}^{-Ts}}{1+G_c(s)G_0(s)\mathrm{e}^{-Ts}}$$

式中 e——滞后环节，会导致系统的超调量较大和调节时间较长，可能会影响控制稳定性。

为了确保控制效果，在基于神经网络的PID自适应控制中加入模糊Smith预估补偿来消除时滞影响，通过预先估计整个系统的动态特性，使得控制器提前做出动作，加快动态调节过程。

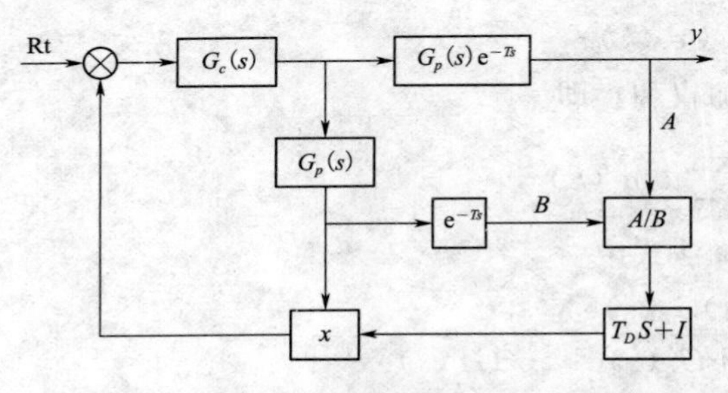

图8.5 Smith自适应的预估补偿原理图

由于Smith预估补偿对模型偏差比较敏感，为了消除模型参数不匹配的影响，通过在模糊Smith补偿模型的基础之上附加除法器环节、乘法器环节和前导微分环节来对其增益进行自适应补偿，其原理如图8.5所示。这三个环节共同作用，由补偿模型与信号之间的偏差得到用于校正预估的增益，实现自适应调整的作用，能够消除稳态偏差。

8.2.5 系统测试结果及分析

为了验证方法的合理性和有效性，在设计的ARM嵌入式温度控制系统上开展实验，并且与传统PID控制算法和文献的模糊PID控制算法进行了比较分析。

在100℃的初始温度条件下，设定控制的目标温度值分别为500℃和800℃，得到了传统PID控制算法、模糊PID控制算法和本节方法的温度控制实验结果曲线分别如图8.8、图8.9所示。根据图中所示的曲线，基于神经网络的PID控制+模糊Smith预估补偿的自适应方法能够将温度控制到期望值。在目标温度为500℃的实验中，本节方法得到的调节时间约为390s，控制精度约为±0.5℃，超调量接近于0，而模糊PID控制算法和传统PID控制算法得到的收敛时间、控制精度和超调量分别为410s、±0.8℃、20%，

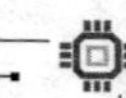

570s、±1.5℃、45%；在目标温度为 800℃的实验中，本节方法得到的收敛时间约为 440s，控制精度约为±0.6℃，超调量趋近于 0，而模糊 PID 控制算法和传统 PID 控制算法得到的收敛时间、控制精度和超调量分别为 450s、±1℃、25%，650s、±1.8℃、48%。对实验结果进行对比分析，可以发现模糊 PID 控制和传统 PID 控制均存在精度不高、超调量较大、调节时间较长的问题，而本节方法则可以克服系统的时滞和惯性影响，实现温度的快速、准确和稳定控制。

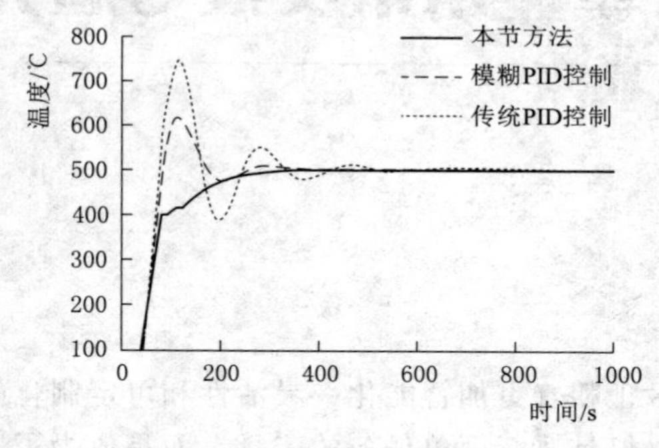

图 8.6 500℃目标温度时三种方法的实验结果

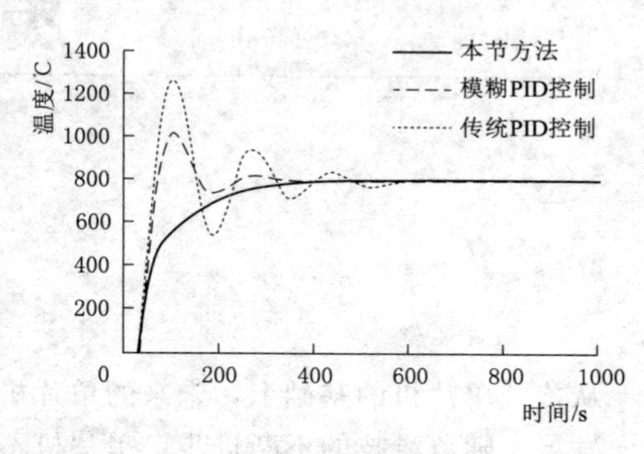

图 8.7 800℃目标温度时三种方法的实验结果

第 9 章　未来发展与趋势

从传统单片机的基础上，未来的单片机技术正朝着更加智能化、灵活性和可定制化的方向发展。随着科技的不断进步，单片机不再仅仅是执行简单任务的工具，而是成为了嵌入式系统中不可或缺的核心部件。本章以作者团队目前研究方向和实际项目——“智慧农业”为依托来列举单片机的特性，再衍生出单片机未来发展与趋势。

9.1　单片机在智慧农业中的应用

智慧农业管理是利用先进的技术手段，如传感器、数据分析、自动化等，来提高农业生产效率和质量的方法。在这个领域，未来单片机的特性将发挥重要作用，为智慧农业带来更高效、精准和可持续的管理方式。

高度集成的传感器接口：单片机将具备更多且多样化的传感器接口，用于监测土壤湿度、气温、光照、气体浓度等农田关键参数，这使得农户和农场管理者可以实时获取农田环境数据，从而精准地进行灌溉、施肥、温度控制等农业操作。在智慧农业实施项目中，作者团队采用 Arduino UNO R3 芯片，它构建于开放原始码 simple I/O 界面版，并且具有使用类似 Java、C 语言的 Processing/Wiring 开发环境。Arduino 能通过各种各样的传感器来感知环境，通过控制灯光、马达和其他的装置来反馈并影响环境。板子上的微控制器可以通过 Arduino 的编程语言来编写程序，编译成二进制文件，烧录进微控制器。对 Arduino 的编程是通过 Arduino 编程语言（基于 Wiring）和 Arduino 开发环境（基于 Processing）来实现的。基于 Arduino 的项目，可以只包含 Arduino，也可以包含 Arduino 和其他一些在 PC 上运行的软件，软件之间进行通信（比如 Flash，Processing，MaxMSP）来实现。

实时数据分析与决策支持：单片机内置的处理能力将越来越强大，能够进行实时数据分析。通过采集的传感器数据，单片机可以进行农田的环境监测和分析，为决策提供支持。例如，根据实时气象数据，单片机可以预测降雨时间，帮助农户做出合理的农事安排。基于未来单片机的强大计算能力，可以结合历史数据和实时监测数据，进行农业生产

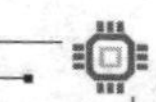

的预测与优化，从而更好地应对气候变化、病虫害等因素带来的不确定性。在作者团队智慧农业实施项目中，采用了 YOLO V5 模型对植物病虫害开展侦测，YOLO 是目标检测模型。目标检测是计算机视觉中比较简单的任务，用来在一张图篇中找到某些特定的物体，目标检测不仅要求识别这些物体的种类，同时要求标出这些物体的位置。显然，类别是离散数据，位置是连续数据。YOLO 的全称是 you only look once，指只需要浏览一次就可以识别出图中的物体的类别和位置。因为只需要看一次，YOLO 被称为 Region - free 方法，相比于 Region - based 方法，YOLO 不需要提前找到可能存在目标的 Region。也就是说，一个典型的 Region - base 方法的流程是这样的：先通过计算机图形学（或者深度学习）的方法，对图片进行分析，找出若干个可能存在物体的区域，将这些区域裁剪下来，放入一个图片分类器中，由分类器分类。因为 YOLO 这样的 Region - free 方法只需要一次扫描，也被称为单阶段（1 - stage）模型。Region - based 方法方法也被称为两阶段（2 - stage）方法。

自动化控制与远程操作：未来单片机将支持更高级的自动化控制，如自动灌溉系统、温室自动调控等。通过远程操作，农户可以通过智能手机或电脑远程监控和控制农业设施，实现智能化的农田管理。由于作者团队来自高校，完成科研工作的同时，需兼顾教学任务，进行智慧农业科研项目的同时，引入智慧农业全开源模块化套件应用教学，该套件既可选用 AI 语音识别技术接入农业控制系统，又可通过 VR 农业控制系统与套件实时交互、完成场景体验，AIoT 与 VR 融合，把数据、用户、智能化系统有效连接，让运行逻辑可视化，适合人工智能、物联网方向等相关专业实训，在项目实际应用中，采用自研平台和阿里云平台处理实时数据。

9.2 处理能力和低功耗

9.2.1 单核处理能力

为了进一步提高系统性能，采用的单核单片机的处理芯片将继续迎来更强大的单核处理能力，这是半导体技术的不断进步和创新所驱动的。

半导体工艺的进步：半导体制造工艺在不断演进，从传统的微米级工艺逐渐发展到纳米级工艺。这使得芯片的晶体管数量可以更多地集成在芯片上，从而提升了处理器的计算能力。

更先进的制造技术：光刻、硅基技术以及三维封装等制造技术的进步，使得芯片的尺寸可以继续缩小，从而提高集成度。更小的尺寸意味着更短的电路连接路径，从而提升了信号传输速度和响应时间，进一步增强了处理能力。

高性能架构的采用：未来的单核处理芯片可能会采用更先进的高性能架构，如超标量架构、动态预测执行、多级流水线等。这些架构可以实现更高的指令级并行度和更快的执行速度，从而提升了处理能力。

高频率运行：随着制程技术的进步，芯片的工作频率可以更高，使得每秒钟可以执行更多的指令。高频率的运行将增加单核处理芯片的计算速度，使其能够更快地完成任务。

新的指令集和优化：针对特定应用场景，未来的单核处理芯片可能会采用新的指令集架构，并进行更加精细的指令优化，使得处理器能够更高效地执行特定任务。

硬件加速器的集成：未来的单核处理芯片可能会集成一些特定领域的硬件加速器，如人工智能、数字信号处理等。这些硬件加速器可以在特定任务上提供更高的性能，从而进一步增强单核处理芯片的处理能力。

未来的单片机和嵌入式单核处理芯片将在半导体技术不断发展的推动下，获得更强大的单核处理能力。这将使得这些芯片能够应对更复杂的应用需求，提供更高效、更快速的计算能力，推动嵌入式系统和物联网应用地不断发展。

9.2.2 低功耗产品特性

未来单片机和嵌入式处理芯片在功耗设计和产品特性方面将继续取得显著进步，这是由于能源效率、环保意识以及物联网应用的需求所驱动的。

低功耗制程技术：随着半导体制程技术的不断发展，新的低功耗制程将不断涌现。这些制程可以使芯片的晶体管更小、更能效，从而降低功耗。例如，FinFET 技术可以减少漏电流，提升芯片的能源效率。

能量管理技术：未来的单片机和嵌入式处理芯片将配备更先进的能量管理技术，如动态电压频率调整（DVFS）、功率管理单元（PMU）等。这些技术可以根据任务的需求自动调整电压和频率，以减少能耗。

低功耗架构：设计者会更加注重低功耗架构的设计，将不使用的部分进入低功耗模式，降低待机功耗。新的设计理念将使得单片机在不同运行状态下都能够最小化能耗。

硬件优化：未来的芯片设计将会更加优化硬件，采用更适合特定任务的电路架构。例如，将一些常见任务使用硬件加速器来完成，可以提高能源效率。

能量收集技术：随着可再生能源技术的发展，未来的单片机和嵌入式处理芯片可能会采用能量收集技术，如太阳能、热能或振动能收集，为设备提供持续的能源供应。

低功耗通信技术：通信模块的功耗也是嵌入式系统中的一个关键因素。未来的通信技术将更注重低功耗，如 NB-IoT、LoRa 等，使得设备在连接到网络时也能保持低功耗状态。

物联网应用需求：随着物联网应用的普及，对于能源效率的要求会更加严格。嵌入式设备需要在长时间内运行，因此低功耗设计成为满足物联网需求的关键。

未来单片机和嵌入式处理芯片将在低功耗设计和产品特性方面取得显著进步。这将使得这些芯片能够在不牺牲性能的前提下，更加节能环保，满足可持续发展的需要，并在物联网、智能设备等领域发挥更大的作用。

9.3 多核架构和集成度提升

9.3.1 多核架构特点

未来单片机和嵌入式处理芯片有望采用多核架构，这将带来许多新的产品特性和优势。

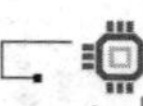

并行处理能力提升：多核架构可以将处理器的计算能力分散到多个核心上，实现并行处理。未来单片机和嵌入式处理芯片的多核架构将能够同时处理多个任务，提升处理能力，适用于更多复杂的应用场景。

任务隔离与资源分配：多核架构可以将不同任务分配到不同核心上，从而实现任务的隔离和资源的有效分配。这样可以避免任务之间的干扰，提高系统的稳定性和可靠性。

低功耗与高性能平衡：多核架构可以灵活配置核心的工作状态，将一些核心置于低功耗模式，而将一些核心置于高性能模式，以平衡能耗和性能需求。

实时任务处理：一些实时任务需要在严格的时间要求内完成，多核架构可以将这些任务分配给特定的核心，确保实时性能的实现。

特定应用的硬件加速：多核架构允许在某些核心上集成专门的硬件加速器，用于特定领域的任务，如图像处理、机器学习、信号处理等。这将提高单片机在这些领域的性能。

软件开发挑战：虽然多核架构提供了更高的计算能力，但也带来了一些挑战，如任务调度、并发控制等。开发者需要设计适应多核环境的软件，以充分利用多核处理的优势。

性能可扩展性：多核架构的设计允许系统在需要更高性能时添加更多核心，以满足不断增长的计算需求。

多领域应用：从工业自动化到智能家居，从汽车电子到医疗设备，多核架构能够满足各种不同领域的应用需求，为不同行业带来更大的创新和效率提升。

未来单片机和嵌入式处理芯片在多核架构的推动下，将具备更强大的并行处理能力、灵活的任务隔离与资源分配、更好的低功耗和高性能平衡等产品特性。这将为各种领域的应用提供更多的可能性和解决方案。

9.3.2 系统集成度提升

单片机和嵌入式处理芯片将继续迎来集成度的提升，这将带来许多新的产品特性和优势。

多功能集成：随着制程技术的进步，芯片上可以集成更多的功能单元，如处理器核心、存储器、通信模块、传感器接口等。未来的单片机和嵌入式处理芯片将成为一个多功能的集成解决方案，能够满足多种应用需求。

减小尺寸：高集成度使得芯片的尺寸可以进一步减小，从而使得嵌入式系统更加紧凑。这对于单片机在移动设备、智能家居、可穿戴设备等领域的应用特别有利。

降低系统成本：高集成度可以减少组件数量和连接，从而降低系统的成本。整合多个功能单元到一个芯片上还可以减少材料和生产成本。

提高系统稳定性：集成度的提升减少了组件之间的连接，降低了可能的连接问题和电磁干扰。这将提高系统的稳定性和可靠性。

定制化设计：高集成度的芯片可以根据不同应用的需求进行定制化设计。厂商可以根据具体的应用场景，选择需要的功能单元集成到芯片中，从而实现更好的适配性。

功耗优化：高集成度还可以优化功耗，例如，将某些模块置于低功耗模式，以降低整体系统的能耗。

简化布局和设计：高集成度可以简化电路板的设计和布局，减少信号线的长度，降低电磁干扰的风险，从而提高系统的性能和稳定性。

支持更多应用场景：高集成度的单片机和嵌入式处理芯片可以同时支持多种应用场景，从工业自动化到消费电子，从医疗设备到智能交通等。

降低功耗：集成度的提升可以减少功耗，因为信号传输的距离减少，从而降低了能耗。

未来的单片机和嵌入式处理芯片将在集成度方面取得显著进步，带来更多的功能集成、尺寸减小、成本降低、系统稳定性提高等产品特性。这将为各种领域的应用提供更多的可能性和创新。

9.4 AI和机器学习应用

9.4.1 人工智能（AI）的应用

单片机和嵌入式处理芯片将会越来越广泛地应用于人工智能（AI）领域，为各种设备和应用带来智能化和自主性。

嵌入式AI加速器：为了在资源有限的嵌入式系统中实现高效的人工智能任务，未来的单片机和嵌入式处理芯片可能会集成专门的AI加速器，用于加速神经网络推理和处理。

物体识别与感知：单片机和嵌入式处理芯片可以通过集成图像传感器、摄像头等设备，实现物体识别、图像分析和人脸识别等功能。这将应用于智能家居、安防、自动驾驶等领域。

自然语言处理：单片机和嵌入式处理芯片可以集成语音识别和语音合成功能，使设备能够理解和生成自然语言。这将在智能助手、智能家居控制等场景中发挥作用。

智能控制和决策：嵌入式AI可以使设备具备更高级的智能控制和决策能力。例如，在工业自动化中，设备可以根据实时数据进行智能调度和优化。

边缘计算：嵌入式AI可以在设备本地进行数据处理和分析，减少对云服务器的依赖，从而降低延迟并提高隐私安全性。

智能医疗：单片机和嵌入式处理芯片可以在医疗设备中应用，用于实时监测患者的健康状况，提供智能诊断和治疗建议。

智能交通：嵌入式AI可以应用于智能交通系统中，用于交通流量监控、车辆识别、自动驾驶等。

辅助决策：在嵌入式设备中集成人工智能可以为用户提供实时数据分析和决策支持，帮助用户做出更明智的选择。

物联网中的智能节点：嵌入式AI将使物联网中的各种节点变得更智能，能够自主处理数据和进行决策，从而构建更智能化的物联网系统。

未来单片机和嵌入式处理芯片在人工智能应用方面的发展将使各种设备变得更加智能、自主和具有感知能力。这将在各个领域推动技术的创新和应用的扩展。

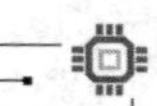

9.4.2　机器学习的应用

单片机和嵌入式处理芯片在机器学习应用方面有望发挥越来越重要的作用。随着人工智能和机器学习的快速发展，嵌入式系统需要具备更高的智能化和自主性。

边缘计算的需求：机器学习应用在边缘设备上的需求不断增加。由于在某些场景下，将数据发送到云端进行处理可能导致延迟和隐私问题，因此需要在嵌入式设备上进行实时的机器学习处理。

节能需求：将机器学习模型部署在嵌入式设备上可以节省能源，因为数据不需要传输到云端。在一些对能耗要求较高的应用中，将机器学习移植到单片机和嵌入式处理芯片上非常有价值。

实时决策：机器学习使得嵌入式设备能够进行实时的智能决策，而不必等待云端的反馈。这对于一些需要快速响应的应用场景，如自动驾驶、工业自动化等非常重要。

本地数据隐私：在一些敏感数据隐私的场景下，将机器学习模型部署在本地设备上，可以避免将数据发送到云端，从而提高数据安全性。

资源受限环境：单片机和嵌入式处理芯片通常在资源有限的环境中工作，如内存、计算能力等。因此，未来的机器学习应用需要适应这些资源受限的环境，提供轻量级的模型和算法。

硬件优化：未来的单片机和嵌入式处理芯片可能会集成专门的硬件加速器，用于执行常见的机器学习任务，如卷积神经网络（CNN）、循环神经网络（RNN）等，从而提高处理效率。

领域特定应用：机器学习在嵌入式系统中的应用很大程度上会专注于特定领域，如智能家居、健康监测、智能工厂等。在这些领域，定制化的机器学习模型可以更好地适应特定的任务需求。

未来的单片机和嵌入式处理芯片将在机器学习应用方面发挥重要作用，通过在本地设备上实现实时决策、数据隐私保护、节能、资源优化等，为各种嵌入式系统提供更智能化和高效的解决方案。

9.5　硬件（通信）接口和软件环境

9.5.1　硬件（通信）接口

随着物联网、智能设备和嵌入式系统的不断发展，单片机和嵌入式单核处理芯片在未来的设计中将越来越注重多样化的硬件接口，以支持更丰富的通信和互联功能。

物联网应用的需求：物联网涉及大量的设备和传感器，这些设备需要通过不同的通信方式进行连接和数据交换。未来的单片机和嵌入式单核处理芯片需要提供多种通信接口，以适应不同物联网应用的需求。

多样化的通信协议：不同的物联网应用可能需要使用不同的通信协议，如 WiFi、蓝牙、Zigbee、LoRa、NB-IoT 等。未来的芯片需要集成这些通信模块，使设备能够与各种网络进行通信。

数据传输速率提升：随着物联网中数据量的增加，未来的单片机和芯片需要支持更高的数据传输速率，以满足实时性和高速通信的需求。

低功耗通信：物联网设备通常需要在长时间内运行，因此低功耗通信变得尤为重要。未来的芯片需要支持低功耗通信模式，延长设备的电池寿命。

多种传感器的整合：物联网设备通常需要集成多种传感器，如温度、湿度、光照等。未来的芯片需要提供多种接口，以支持不同类型的传感器连接。

多通道数据采集：一些应用需要同时采集多个通道的数据，如音频处理、图像处理等。未来的芯片需要提供多个模拟输入通道和数字输入通道。

安全通信：随着物联网设备数量的增加，设备的安全性和数据保护变得至关重要。未来的芯片需要支持加密通信、安全认证等功能。

云平台集成：物联网设备通常需要与云平台进行数据交互，以实现远程监控和控制。未来的芯片可能会集成云通信模块，使设备更容易连接到云平台。

未来的单片机和嵌入式单核处理芯片将具备更多多样化的硬件通信接口，以满足不同物联网应用的需求。这将有助于构建更智能、更互联的物联网设备，为各种领域带来更多的创新和应用可能性。

9.5.2 软件环境

单片机和嵌入式单核处理芯片将会具备更加强大和智能的软件环境，以适应不断发展的技术和应用需求。

全面性软件生态系统：随着单片机和嵌入式单核处理芯片在各行各业的应用不断扩展，其软件生态系统也将变得更加丰富和全面。这意味着将有更多的操作系统、驱动程序、库、框架和工具可供选择，以满足不同应用场景的需求。

更友好的开发工具：为了降低开发门槛，未来的单片机和嵌入式单核处理芯片将提供更友好和强大的开发工具。集成开发环境（IDE）将变得更加易用，支持图形化编程、拖放式开发等，使开发者能够更快速地构建应用。

高级编程语言支持：单片机和嵌入式单核处理芯片将继续支持多种高级编程语言，如C/C++、Python等，以便开发者能够使用熟悉的语言进行开发。这有助于提高开发效率和代码质量。

硬件抽象层和驱动支持：为了简化硬件操作，未来的单片机和嵌入式单核处理芯片将提供更丰富的硬件抽象层和驱动支持。这使得开发者能够更方便地访问硬件资源，无需深入了解底层细节。

实时操作系统（RTOS）和调度：随着实时应用的增多，未来的单片机和嵌入式单核处理芯片将会更好地支持实时操作系统和任务调度。这将有助于处理需要严格时序的应用，如工业自动化、无人机等领域。

云连接和远程管理：物联网的兴起促使单片机和嵌入式单核处理芯片具备更好的云连接能力和远程管理功能。这意味着开发者能够通过云平台监控和管理设备，实现远程更新和维护。

人工智能和机器学习支持：随着人工智能和机器学习的普及，未来的单片机和嵌入式

单核处理芯片可能会集成硬件加速器，以支持AI和机器学习应用。相应的软件环境将提供开发工具和库，使开发者能够在嵌入式设备上实现AI功能。

安全性和隐私保护：随着网络攻击的风险增加，未来的单片机和嵌入式单核处理芯片将更加注重安全性和隐私保护。软件环境将提供更多的加密、认证和访问控制机制，以确保系统的安全性。

未来的单片机和嵌入式单核处理芯片将会在软件环境方面具备更多的功能和特性，以支持更多样化和复杂化的应用需求。这将有助于开发者更轻松地构建高性能、高效能的嵌入式系统。

9.6 安全性和可定制编程性

9.6.1 安全性

单片机和嵌入式单核处理芯片在安全性方面的发展将变得更为重要。随着物联网、智能设备和嵌入式系统的广泛应用，保护设备和数据的安全性变得至关重要。

硬件安全加固：未来的单片机和嵌入式处理芯片可能会在硬件层面加入各种安全特性，如物理隔离、硬件加密模块、安全启动等。这些硬件安全措施能够在设备启动时验证固件的真实性，并在运行时保护关键数据免受恶意攻击。

安全引导和认证：设备启动过程中的安全引导和认证能够确保设备启动的固件是经过授权和验证的，防止恶意固件的入侵。这种方式可以有效防止未经授权的软件修改和恶意固件的运行。

可信执行环境：未来的单片机和嵌入式芯片可能会支持可信执行环境（TEE），这是一个受保护的执行环境，用于运行关键应用和敏感数据。TEE可以防止攻击者通过软件漏洞获取敏感信息。

安全存储和密钥管理：设备需要存储敏感数据和密钥，未来的单片机和芯片可能会提供安全的存储解决方案，确保数据不易被窃取。密钥管理模块可以安全地生成、存储和管理加密密钥，防止密钥泄露。

侧信道攻击抵御：侧信道攻击（如时序攻击、功耗分析等）是一种通过分析设备的侧信道信息来获取敏感数据的手段。未来的单片机和芯片可能会采取措施来减轻或抵御侧信道攻击，提高设备的抵抗能力。

固件更新和安全补丁：安全性的提升也包括及时修复已知的漏洞。未来的单片机和芯片可能会支持远程固件更新和安全补丁，以便及时修复潜在的安全隐患。

网络通信安全：物联网设备通常需要与其他设备和云端进行通信，因此网络通信安全也是关键问题。未来的单片机和芯片可能会提供加密通信、防火墙等功能，确保数据在传输过程中的安全性。

安全认证标准：未来的单片机和芯片可能会遵循各种安全认证标准，如FIPS、ISO 27001等，以证明其在安全性方面的合规性和可信度。

未来的单片机和嵌入式单核处理芯片将会在硬件和软件层面加强安全性，以应对不断增加的网络攻击和数据泄露风险。这些安全特性将有助于保护设备和数据免受恶意攻击，为物联网和嵌入式系统的发展提供更加稳定和安全的基础。

9.6.2 可定制编程性

随着科技的不断发展，单片机和嵌入式单核处理芯片将会在可定制编程性方面取得更大的进步。这种趋势源于对于个性化和高度定制化应用的需求，以及对于更高效能和灵活性的追求。

灵活的指令集和架构：未来的单片机和嵌入式单核处理芯片可能会提供更灵活的指令集和架构设计。开发者可以根据应用的特定需求定制指令集，从而更有效地执行特定任务，减少冗余的指令，提高执行效率。

可编程硬件加速器：除了常规的处理单元，未来的芯片可能会集成可编程的硬件加速器，用于处理特定类型的任务，如图像处理、音频处理、神经网络计算等。开发者可以根据需要对这些硬件加速器进行编程，以实现更高效的性能。

动态可重构性：单片机和嵌入式处理芯片可能会具备动态可重构性，允许在运行时根据需求进行硬件资源的重新配置。这将使芯片能够适应不同的任务和场景，从而实现更灵活的应用。

高级编程工具：随着技术的发展，未来的开发工具将更加强大和智能化。开发者可以利用图形化界面和高级编程语言，快速构建定制化的应用。这将降低开发门槛，使更多人能够参与定制编程。

虚拟化技术：未来的单片机和嵌入式处理芯片可能会采用虚拟化技术，将硬件资源划分成多个虚拟环境，使不同应用能够并行运行，提高资源利用率。

云集成和远程更新：单片机和嵌入式处理芯片可能会更加紧密地集成云计算技术，使应用能够与云端进行交互和数据共享。此外，芯片可能支持远程更新，使开发者能够在不改变硬件的情况下更新应用程序。

基于 AI 的自适应编程：未来的芯片可能会集成基于人工智能的自适应编程技术，能够根据应用的需求自动优化程序的执行和资源分配，提高性能和效率。

未来的单片机和嵌入式单核处理芯片将更具可定制编程性，使开发者能够根据应用的特定需求进行灵活的定制和优化。这将促进嵌入式系统的发展，推动各行各业在技术创新方面取得更大的突破。

参 考 文 献

[1] 陈海宴. 51单片机原理及应用——基于KeilC与Proteus [M]. 2版. 北京：北京航空航天大学出版社，2013.
[2] 徐溃基，黄建华. 单片机原理及应用 [M]. 北京：航空工业出版社，2019.
[3] 苏珊，高如新，谭兴国. 单片机原理与应用 [M]. 成都：电子科技大学出版社，2016.
[4] 王元一，石水生，赵金龙. 单片机接口技术与应用（C51编程） [M]. 北京：清华大学出版社，2014.
[5] 皮大能，党楠，齐家敏，等. 单片机原理与应用 [M]. 西安：西北工业大学出版社，2019.
[6] 李友全. 51单片机轻松入门（C语言版）[M]. 2版. 北京：北京航空航天大学出版社，2020.
[7] 吴险峰. 51单片机项目教程（C语言版）[M]. 北京：人民邮电出版社，2016.
[8] 郭天祥. 新概念51单片机C语言教程——入门、提高、开发、拓展全攻略 [M]. 2版. 北京：电子工业出版社，2018.
[9] 宋雪松. 手把手教你学51单片机——C语言版 [M]. 2版. 北京：清华大学出版社，2020.
[10] 沈红卫. STM32单片机应用与全案例实践 [M]. 北京：电子工业出版社，2017.
[11] 何宾. STC单片机C语言程序设计：8051体系梁构、编程实例及项目实战 [M]. 北京：清华大学出版社，2018.
[12] 张洋. 原子教你玩STM32（库函数版）[M]. 北京：北京航空航天大学出版社，2017.
[13] 张洋. 精通STM32F4（库函数版）[M]. 2版. 北京：北京航空航天大学出版社，2020.